Ein quantitatives Modell zur Unterstützung des Fehlermanagements in der manuellen Montage

A Quantitative Model to Support the Defect Handling in the Manual Assembly

Von der Fakultät für Maschinenwesen
der Rheinisch-Westfälischen Technischen Hochschule Aachen
zur Erlangung des akademischen Grades eines
Doktors der Ingenieurwissenschaften
genehmigte Dissertation

vorgelegt von

Robin Alexander Exner geb. Türtmann

Berichter:

Univ.-Prof. Dr.-Ing. Robert Heinrich Schmitt
Univ.-Prof. Dr.-Ing. Frank Ole Flemisch

Tag der mündlichen Prüfung: 06. März 2019

ERGEBNISSE AUS DER PRODUKTIONSTECHNIK

Robin Exner

Ein quantitatives Modell zur Unterstützung des Fehlermanagements in der manuellen Montage

Herausgeber:
Prof. Dr.-Ing. T. Bergs
Prof. Dr.-Ing. Dipl.-Wirt. Ing. G. Schuh
Prof. Dr.-Ing. C. Brecher
Prof. Dr.-Ing. R. H. Schmitt

Band 20/2019

WZL | RWTH AACHEN UNIVERSITY

Fraunhofer IPT

Bibliografische Information der Deutschen Nationalbibliothek
Die Deutsche Nationalbibliothek verzeichnet diese Publikation in der Deutschen Nationalbibliografie; detaillierte bibliografische Daten sind im Internet über https://portal.dnb.de abrufbar.

Robin Exner:

Ein quantitatives Modell zur Unterstützung des Fehlermanagements in der manuellen Montage

1. Auflage, 2019

Gedruckt auf holz- und säurefreiem Papier, 100% chlorfrei gebleicht.

Apprimus Verlag, Aachen, 2019
Wissenschaftsverlag des Instituts für Industriekommunikation und Fachmedien an der RWTH Aachen
Steinbachstr. 25, 52074 Aachen
Internet: www.apprimus-verlag.de, E-Mail: info@apprimus-verlag.de

Druck: KN Digital Printforce GmbH, Stuttgart

ISBN 978-3-86359-730-6

D 82 (Diss. RWTH Aachen University, 2019)

Vorwort

Diese Dissertationsschrift entstand während meiner Zeit als wissenschaftlicher Mitarbeiter am Lehrstuhl für Fertigungsmesstechnik und Qualitätsmanagement des Werkzeugmaschinenlabors der RWTH Aachen in einem wohnlichen Großraumbüro in der Metzgerstr. 10.

Vorangegangen waren etliche Forschungsprojekte, Beratungsprojekte der Industrie und wissenschaftliche Veröffentlichungen von meinen Kollegen, studentischen Mitarbeitern und mir selbst. Besonders danke ich Herrn Prof. Robert Schmitt, der diese Arbeit als erster Berichter betreute, dass ich die Inhalte dieser Dissertation über die letzten vier Jahre in einem praxisnahen Forschungsumfeld erarbeiten konnte. Herrn Prof. Frank Flemisch danke ich herzlich für das fachliche Interesse an meiner Arbeit und die Übernahme der Rolle des zweiten Berichters.

Für ein sehr angenehmes Arbeitsumfeld über meine gesamte Zeit am WZL bedanke ich mich bei allen Kollegen. Mit euch bleibt der „Wahnsinn" des Institutsalltags stets amüsant. Ganz besonders danke ich Herrn Dr.-Ing. Björn Falk für die Begleitung meines gesamten Promotionsprozesses, von der Themenfindung bis zur Fertigstellung. Für die Unterstützung bei der Erstellung des Promotionsvortrags danke ich Hannes Elser, Henning Voet, Peter Schlegel, Kerstin Hartmann und Hannah Exner.

Letztlich wäre dies ohne meine Familie nie möglich gewesen. Ich danke meiner Mutter Hiltraud, Bernd sowie meiner Frau Hannah für die jahrelange Unterstützung und die Rücksichtnahme während meines gesamten Studiums, der Erstellung meiner Dissertationsschrift und der abschließenden Prüfung. Euch widme ich diese Arbeit. Außerdem danke ich meinem Vater Jürgen für das Berufsvorbild des Ingenieurs.

Aachen, im Mai 2019

Robin Exner

Zusammenfassung

Das Ziel dieser Arbeit ist die Optimierung des produktionsnahen Fehlermanagements. Dazu wurde der Fehlermanagementprozess unter Berücksichtigung der Wechselwirkungen mit den operativen Tätigkeiten in einer Montagelinie betrachtet. Der Prozess zum produktionsnahen Fehlermanagement ist in der Literatur ausreichend beschrieben, aber es existieren bisher nur einige wenige Modelle, die die Wechselwirkungen zwischen Produktions- und Qualitätsprozessen in einem dynamischen Modell analysieren.

In dieser Arbeit wurde einer dieser Ansätze aufgegriffen und weiterentwickelt, um individuelle Montagelinien abzubilden. Der existierende Modellierungsansatz verlangte dabei die Quantifizierung eines Parameters, der definiert, mit welcher Wahrscheinlichkeit eine im Unternehmen vorliegende Fehlerursache zu einem tatsächlichen Montagefehler an einem Produkt führt. Ein solcher Parameterwert musste für jeden Prozessschritt individuell bestimmt werden und wird als Fehlereintrittswahrscheinlichkeit bezeichnet. Zur Berechnung dieser Kenngröße wurde ein System zur Quantifizierung der menschlichen Zuverlässigkeit aus der Luft- und Raumfahrt an die Anforderungen der manuellen Montage in Produktionsbetrieben angepasst. Diese Methode ermöglicht eine individuelle Berücksichtigung der Gegebenheiten im jeweiligen Prozessschritt. Das weiterentwickelte Modell wurde als simulationsfähiges System Dynamics Modell programmiert. Mit diesem Simulationsmodell wurden zwei Schritte eines realen Montageprozesses nachgebildet, über den alle Daten zum Erstellen des Modells und zum Überprüfen der Simulationsergebnisse dokumentiert sind.

Durch den Abgleich der Simulationsergebnisse mit den realen Daten konnte die Anwendbarkeit des Modells in einem definierten Toleranzbereich nachgewiesen werden. Abschließend wurde das validierte Modell eingesetzt, um die Forschungsfrage zu beantworten und Handlungsempfehlungen im Fehlermanagement abzuleiten. Anhand der Simulationsergebnisse war es möglich zu demonstrieren, dass die Zeit, die ein Mitarbeiter zur Montage eines konformen Produktes benötigt, durch die Anpassung der Fehlermanagementstrategie reduziert werden kann.

Abstract

The aim of this thesis is the optimal handling of defects within the production. Therefore the defect handling process and its interactions with the operative tasks in the assembly line are emphasized. The defect handling process is comprehensively described in the literature but approaches which consider interactions between production and quality processes in a dynamic model are very rare and abstract.

In this thesis one of these dynamic models is extended to allow an individual modelling of assembly lines. For the existing model the development of a quantification method for one parameter is necessary. This parameter defines the probability that a failure root cause leads to an actual assembly error on a product. Such a value has to be determined individually for every production step within the assembly line. For the calculation of this parameter a method for the quantification of the human error probability from the aerospace industry is adjusted to the requirements of a manual assembly line in the production industry. The extended approach is realized in a system dynamics model to enable simulation runs. For the purpose of a validation two steps of a real assembly line are created in a simulation model following the developed approach. For these two steps all data of the real production system is available. This enables a comparison between the simulation results and the reality. Doing so the applicability of the model is proven for a defined tolerance.

Finally the validated model is used to derive recommendations for actions to optimise the handling of defects. The simulations results demonstrate, that the required time for the production of confirm products by an employee can be reduced by an optimisation of the process for the defect handling.

I Inhaltsverzeichnis

I Inhaltsverzeichnis ... i

II Abkürzungen ... v

III Abbildungsverzeichnis ... vii

IV Tabellenverzeichnis ... ix

1 Einleitung ... 1

1.1 Zielsetzung der Arbeit ... 3

1.2 Wissenschaftstheorie und Forschungsmethodik ... 4

1.3 Aufbau der Arbeit ... 5

2 Wissenschaftliche Grundlagen ... 9

2.1 Der Fehlerbegriff ... 9

2.2 Fehlermanagement in produzierenden Unternehmen ... 10

2.3 Verortung des reaktiven Fehlermanagements innerhalb der Organisation ... 11

2.4 Gestaltungsmodelle im reaktiven Fehlermanagement von produzierenden Unternehmen ... 12

2.4.1 SAFE ... 13

2.4.2 FAMOS ... 14

2.4.3 FIBS ... 14

2.4.4 Aachener CFM-Modell ... 15

2.4.5 LINß ... 16

2.4.6 FOQUS ... 16

2.4.7 ORENDI ... 17

2.4.8 Fazit zu Ansätzen des reaktiven Fehlermanagements ... 18

2.5 Definition des Produktionssystems als komplexes, dynamisches System ... 19

2.6 Grundlagen der Produktionswirtschaft ... 20

2.7 Produktionsfaktoren ... 21

2.8 Produktionsplanungsarten ... 23

2.8.1 Produktionsprogrammplanung ... 23

2.8.2 Bereitstellungsplanung ... 25

2.8.3 Durchführungsplanung ... 26

3 Gestaltung und Modellbildung von qualitätsgeregelten Prozessen ... 29

3.1 Beschreibung von Wechselwirkung durch Qualitätsregelkreise 29
3.2 Anforderungen der Lösungshypothese an den Modellansatz 31
3.3 Analyse von Wechselwirkungen zwischen Produktions- und Qualitätsprozessen 31
3.3.1 VLACHOS 32
3.3.2 REPENNING und STERMAN 33
3.3.3 VENKATESWARAN und SON 34
3.3.4 COLLEDANI und TOLLIO 35
3.3.5 KIM und GERSHWIN 36
3.3.6 GLÖCKNER ET AL. 37
3.3.7 Fazit zu Ansätzen mit Berücksichtigung der Wechselwirkungen zwischen Qualitäts- und Produktionsprozessen 38
4 Abgrenzung und Forschungsbedarf 41
4.1 Modellierung der Fehlerabstellung nach GLÖCKNER 41
4.1.1 Teilmodell Fehlerursachenentstehung 42
4.1.2 Teilmodell Fehlermanagement 43
4.1.3 Teilmodell Fehlerwissen 46
4.1.4 Teilmodell Ressourcen 47
4.1.5 Teilmodell Produktion 49
4.1.6 Zielsystem für ein Integriertes Simulationsmodell 51
4.2 Forschungsbedarf zur Weiterentwicklung des SD-Modells nach GLÖCKNER ET AL. 51
5 Modellkonzept 55
5.1 Entwurf der Modellerweiterung 55
5.1.1 Teilmodell Fehlermanagement 57
5.1.2 Teilmodell Fehlerwissen 58
5.1.3 Teilmodell Fehlerursachen 58
5.1.4 Teilmodell Ressourcen 58
5.1.5 Teilmodell Produktion 59
5.2 Causal-Loop-Diagramm des Gesamtmodells 61
5.3 Zielsystem zur Leistungsmessung der Fertigungskette 62
6 Methode zur Quantifizierung der Fehlereintrittswahrscheinlichkeit 63
6.1 Die Fehlereintrittswahrscheinlichkeit in der manuellen Montage 64
6.1.1 Grundlagen der menschlichen Fehlerwahrscheinlichkeit 64

6.1.2 Anforderungen der manuellen Montage an die Methoden zur Wahrscheinlichkeitsberechnung 65
6.2 Berechnungsmethoden der menschlichen Zuverlässigkeit 66
6.2.1 HCR 67
6.2.2 SLIM-MAUD 67
6.2.3 SAINT 68
6.2.4 HEART 69
6.2.5 THERP 70
6.2.6 MAPPS 71
6.2.7 ESAT 72
6.2.8 CREAM 74
6.2.9 Diskussion und Bewertung der Berechnungsmethoden 75
6.3 Entwicklung einer Methode zur Berechnung der Fehlereintrittswahrscheinlichkeit in der manuellen Montage 79
6.3.1 Zerlegung der Prozessschritte in Aufgaben 79
6.3.2 Einflussfaktoren auf die Fehlereintrittswahrscheinlichkeit 80
6.3.3 Qualitative Interviews und Prozessbeobachtung 81
6.3.4 Erzeugung eines Fragebogens zur quantitativen Bewertung 83
6.3.5 Durchführung der Fragebogenstudie 83
6.3.6 Abgleich mit der ESAT und Anpassung auf die manuelle Montage 84
6.3.7 Der Aufgabentyp 87
6.3.8 Aufgabencharakteristik 88
6.3.9 Personalfaktoren 90
6.3.10 Umgebungsfaktoren 93
6.3.11 Systemfaktoren 96
6.3.12 Berechnungsvorschrift zur Bestimmung Fehlereintrittswahrscheinlichkeit 98
7 Validierung im Anwendungszusammenhang 101
7.1 Programmierung des modularen Bausteins 101
7.1.1 Darstellung des programmierten Modells 101
7.1.2 Programmierung der Modellelemente 102
7.1.3 Zielsystem 107
7.2 Verifikation des Modellbausteins 108

7.2.1 Festwerttest ... 108
7.2.2 Ursache-Wirkungs-Graph ... 110
7.2.3 Begleitende Dimensionstests zur Modellverifikation ... 112
7.3 Validierung am Fallbeispiel ... 112
7.3.1 Vorstellung Fallbeispiel ... 112
7.3.2 Anpassung des Simulationsmodells auf das Fallbeispiel ... 113
7.3.3 Berechnung der Fehlereintrittswahrscheinlichkeiten anhand der modifizierten ESAT ... 117
7.3.4 Inputparameter für das Simulationsmodell im Fallbeispiel ... 121
7.3.5 Simulation und Vergleich der Ergebnisse mit Daten des realen Produktionsprozesses ... 122
7.4 Ableitung von Handlungsempfehlungen zur Beantwortung der Forschungsfrage ... 124
7.5 Fazit ... 128
8 Zusammenfassung, Limitationen und Ausblick ... 131
8.1 Zusammenfassung ... 131
8.2 Limitationen ... 133
8.3 Ausblick ... 134
V Literaturverzeichnis ... 137
VI Anhang ... 147

II Abkürzungen

Abkürzung	Beschreibung
ACQM	Aachener Qualitätsmanagement-Modell
BHEP	Basic Human Error Probability
CFM	Complaint and Failure Management
CLD	Causal-Loop-Diagram
CPC	Common Performance Conditions
CREAM	Cognitive Reliability and Error Analysis Method
DES	Discrete-Event-Simulation
DIN	Deutsches Institut für Normung
EPC	Error-Producing Condition
ESAT	Expertensystem zur Aufgabentaxonomie
FIBS	Fehlerinformations- und Bewertungssystem
FM	Fehlermanagement
FMEA	Fehlermöglichkeits- und Einflussanalyse
HCR	Human Cognitive Reliability
HEART	Human Error Assessment and Reduction Technique
HEP	Human Error Probability
HRA	Human Reliability Analysis
IKT	Informations- und Kommunikationstechnologie
ISO	International Organization for Standardization
KMU	Kleine und mittlere Unternehmen

KVP	Kontinuierlicher Verbesserungsprozess
MAPPS	Maintenance Personal Performance Simulation
MTM	Methode-Time Measurement
OEE	Overall Equipment Efficiency
PPS	Produktionsplanung und -steuerung
PSA	Probabilistische Sicherheitsanalyse
PSF	Performance Shaping Factors
PTD	Probability Tree Diagram
QBC	Quality Backward Chain
QFC	Quality Forward Chain
SAFE	Sicheres Handeln bei Ausnahmesituationen durch umfassendes Fehlermanagement
SAINT	System Analysis of Integrated Networks of Tasks
SD	System Dynamics
SLIM-MAUD	Success Likelihood Index Methodology - Multi Attribute Utility Decomposition
THERP	Technique for human error rate prediction
VDI	Verein Deutscher Ingenieure
WIP	Work in Progress
WMS	Workflow-Management-System

III Abbildungsverzeichnis

Abbildung 1-1: Forschungsvorgehen in Anlehnung an ULRICH ET AL. 5
Abbildung 1-2: Vorgehensmodell bei Simulation nach RABE ET AL. 6
Abbildung 2-1: Aachener Qualitätsmanagement Modell 11
Abbildung 2-2: Verortung der Forschungsarbeit im Aachener Qualitätsmanagement Modell 12
Abbildung 2-3: Module des SAFE-Ansatzes 13
Abbildung 2-4: Aachener CFM-Modell 15
Abbildung 2-5: Referenzprozess zur effektiven Fehlerabstellung nach Linß 16
Abbildung 2-6: Fehlermanagement nach ORENDI 18
Abbildung 2-7: Schematische Darstellung des Produktionsprozesses 21
Abbildung 2-8: Produktionsstrukturen in Anlehnung an SABEL 25
Abbildung 3-1: Das Prinzip der Rückkopplung in Anlehnung an BENGER 29
Abbildung 3-2: Elemente eines Qualitätsregelkreises 30
Abbildung 3-3: Qualitätsregelkreis nach VLACHOS ET AL. 32
Abbildung 3-4: Prozessverbesserungen durch Regelkreise nach REPENNING und STERMAN 34
Abbildung 3-5: Schematische Darstellung des Hybriden SD/DES-Modells nach VENKATESWARAN und SON 35
Abbildung 3-6: Mehrstufiger Produktionsprozess nach COLLEDANI und TOLLIO 36
Abbildung 3-7: Beziehungen zwischen den organisationalen Teilsystemen nach TÜRTMANN und GLÖCKNER ET AL. 37
Abbildung 4-1: Übersicht SD-Modell nach Glöckner 41
Abbildung 4-2: Teilmodell Fehlerursachenentstehung 42
Abbildung 4-3: Teilmodell Fehlermanagement 44
Abbildung 4-4: Teilmodell Fehlerwissen 46
Abbildung 4-5: Teilmodell Ressourcen 48
Abbildung 4-6: Teilmodell Produktion 50
Abbildung 5-1: Beispielhafte Aufbauorganisation zur Modellabgrenzung 56
Abbildung 5-2: Ausgangskonstrukt hinsichtlich des Produktionsprozesses nach GLÖCKNER ET. AL 56
Abbildung 5-3: Schematische Darstellung der Modellanpassung 56
Abbildung 5-4: CLD-Ausschnitt des Fehlermanagements 57
Abbildung 5-5: CLD-Ausschnitt des Fehlerwissens 58
Abbildung 5-6: CLD-Ausschnitt der Fehlerursachen 58
Abbildung 5-7: CLD-Ausschnitt des Teilmodells Produktion 61
Abbildung 5-8: CLD-Diagramm des Gesamtmodells 62

Abbildung 6-1: Symbol für einen Aufgabenelement der SAINT-Methode 69
Abbildung 6-2: Beispiel eines THERP-Ereignisbaums 71
Abbildung 6-3: Vorgehensweise des ESAT-Verfahrens 73
Abbildung 6-4: ESAT-Zuverlässigkeitsklassen und HEP-Werte 73
Abbildung 6-5: CREAM- Basic and Extended Methods 74
Abbildung 6-6: Funktionsweise der CPC-Bewertungen 75
Abbildung 6-7: Befragte Personen zur Quantifizierung der Einflüsse auf den Fehlereintritt ..84
Abbildung 6-8: Auswertung der Befragung nach der Aufgabencharakteristik 85
Abbildung 6-9: Auswertung der Befragung nach den Personalfaktoren 85
Abbildung 6-10: Auswertung der Befragung nach den Umgebungsfaktoren 86
Abbildung 6-11: Auswertung der Befragung nach den Systemfaktoren 86
Abbildung 6-12: Finale Anpassung des ESAT 87
Abbildung 7-1: Programmiertes SD-Modell eines beliebigen Produktionsschritts 102
Abbildung 7-2: Zielsystem des modellierten Prozessschrittes 107
Abbildung 7-3: Validierungsbeispiel – Gesamtmodell Teil 1 114
Abbildung 7-4: Validierungsbeispiel – Gesamtmodell Teil 2 115
Abbildung 7-5: Schnittstelle zwischen Produktionsprozess und Fehlermanagement im SD-Modell 116
Abbildung 7-6: Simulationsergebnisse der Fehlerraten im Fallbeispiel 123
Abbildung 7-7: Einfluss der Fehlererfassungsquote auf die Zielerreichung 126
Abbildung 7-8: Einfluss der akzeptierten Fehlerrate auf die Zielerreichung 127
Abbildung 7-9: Ergebnis der Varianzanalyse zur Charakterisierung des Einflusses der Fehlermanagementstrategie auf die Zielerreichung 128

IV Tabellenverzeichnis

Tabelle 2-1: Umfang von Inhalten zu spezifischen Themenfeldern in Ansätzen zum unternehmensweiten Fehlermanagement ... 19
Tabelle 2-2: Produktionsfaktorsystem nach GUTENBERG ... 21
Tabelle 2-3: Unterscheidung der Produktionsplanungsebenen ... 23
Tabelle 2-4; Morphologie zur Charakterisierung verschiedener Produktionstypen in Anlehnung an KERN ... 28
Tabelle 3-1: Übersicht der Modelle mit Berücksichtigung von Wechselwirkungen zwischen Produktions- und Qualitätsprozessen ... 39
Tabelle 4-1: Modellvariablen und Modellparameter des Teilmodells Fehlerursachenentstehung ... 43
Tabelle 4-2: Modellvariablen und Modellparameter des Teilmodells Fehlermanagement ... 45
Tabelle 4-3: Modellvariablen und Modellparameter des Teilmodells Fehlerwissen ... 47
Tabelle 4-4: Modellvariablen und Modellparameter des Teilmodells Ressourcen ... 48
Tabelle 4-5: Modellvariablen und Modellparameter des Teilmodells Produktion ... 50
Tabelle 4-6: Notwendige Anpassungen am Modell nach GLÖCKNER ET AL. ... 53
Tabelle 6-1: Bewertung verschiedener HRA-Verfahren ... 78
Tabelle 6-2: Baustein zur Beschreibung von Montagetätigkeiten ... 80
Tabelle 6-3: Abstufung der Schwierigkeitsvorgewichte anhand der Likert-Skala ... 80
Tabelle 6-4: Bewertungsskala der Einflussfaktoren auf den Fehlereintritt ... 83
Tabelle 6-5: Berechnung des Faktors S_1 nach ESAT ... 88
Tabelle 6-6: Abstufung Parameterwerte zur Messung der Motivation anhand der Likert-Skala ... 93
Tabelle 6-7: Richtwerte zur Beleuchtung des Arbeitsplatzes ... 94
Tabelle 6-8: Definition E_2 in Abhängigkeit von Auftrittshäufigkeit und Lärmpegel ... 96
Tabelle 6-9: Einflussfaktoren auf den Grad der Arbeitsorganisation in Anlehnung an OLBRICH ... 98
Tabelle 6-10: Angepasste Zuverlässigkeitsklassen zur Bestimmung der FEW ... 99
Tabelle 7-1: Konstanten im Simulationsmodell ... 102
Tabelle 7-2: Parameterwerte für die Testsimulationen ... 109
Tabelle 7-3: Hypothesen zum Ergebnis des Festwerttests ... 109
Tabelle 7-4: Simulationsergebnis des Festwerttests ... 110
Tabelle 7-5: Übersicht Modellanpassung 1 ... 111
Tabelle 7-6: Übersicht Modellanpassung 2 ... 111
Tabelle 7-7: Übersicht Modellanpassung 3 ... 112
Tabelle 7-8: Aufgaben in Prozessschritt 1 modelliert durch Taxonomien ... 117

Tabelle 7-9: Aufgaben in Prozessschritt 2 modelliert durch Taxonomien 118
Tabelle 7-10: Parameterwerte für Prozessschritt 1 des Fallbeispiels 121
Tabelle 7-11: Vergleich Simulationsergebnisse und reale Daten der Fehlerrate 123
Tabelle 7-12: Parameterwerte der Ausgangssituation im Fallbeispiel zur Optimierung 124
Tabelle 7-13: Matrix über die Zielerreichung bei Variation der Fehlermanagementstrategie 125

1 Einleitung

Produzierende Unternehmen stellen sich der ständigen Herausforderung wachsender Qualitätsanforderungen, verkürzter Produktlebenszyklen und einer kosteneffizienten Produktion.[1] Ein Kernproblematik, die sich auf die Zielerreichung bzgl. Qualität, Zeit und Kosten auswirkt, besteht im Auftreten von Fehlern während der Produktentwicklung, Realisierung und Nutzung.[2] Dass diese Tendenz weiterhin an Fahrt aufnimmt, belegt eine Studie aus dem Jahr 2018, die eine Zunahme der Qualitätsprobleme in der Automobilindustrie durch die gestiegene Anzahl an Software-Komponenten, komplexeren Wertschöpfungsketten und sich weiter verkürzenden Produkteinführungszeiten feststellt.[3] Durch diese Herausforderungen entstehen fehlerhafte Produkte – der Ersatz oder die Reparatur führt zu einem Zeit- und Kostenverlust, wodurch unnötige Fehlerkosten erwachsen. Ein verbreitetes Statement in produzierenden Unternehmen lautet: *„Wir machen immer wieder dieselben Fehler."*[4]. Doch woran liegt das? Prozesse zur nachhaltigen Abstellung von Fehlern sind weit verbreitet und die notwendigen Schritte, um einen Fehler nachhaltig zu beseitigen, bekannt. Die Weiterentwicklungsmöglichkeit von solchen Referenzprozessen zur Gestaltung der Fehlerabstellung scheint überschaubar. So definierte ORENDI[5] schon 1993 ein Referenzmodell zur Fehlererfassung und Abstellungen durch eine lernende Organisation, das sich nur in einem geringen Maß von deutlich neueren Ansätzen nach LINß[6] (2011) oder PLACH[7] (2011) unterscheidet. Da das Vorgehen zur nachhaltigen Fehlerabstellung umfassend definiert und sogar ein Konsens über deren Ausgestaltung in der Literatur festzustellen ist, scheint die Anwendung dieser Prozesse problematisch zu sein. Eine weitreichende Gemeinsamkeit dieser Fehlerabstellprozesse der verschiedenen Autoren besteht darin, dass die einzelnen Schritte zur Fehlerabstellung weitgehend unabhängig von anderen Unternehmensprozessen (ohne Berücksichtigung ihrer Wechselwirkungen mit dem eigentlichen Wertschöpfungsprozess) gestaltet werden.[8] Diese Situation erscheint besonders kritisch unter der Berücksichtigung, dass es sich bei der Fehlerabstellung um einen reaktiven Qualitätsmanagementprozess handelt.[9] Diese reaktiven Prozesse bilden – mit einem „zu regelnden" Prozess – einen Qualitätsregelkreis. Damit stehen die Fehlerab-

---

[1] Vgl. Bullinger, H.-J.; Warnecke, H. J., et al.: Neue Organisationsformen im Unternehmen, 2003, S. 6

[2] Vgl. Töpfer, A.: Six Sigma, 2007, S. 3 f.

[3] Vgl. A.T. Kearney GmbH: Qualität 4.0: Präventiv, holistisch und zukunftssicher, 2018

[4] Ergebnis einer Unternehmensbefragung im Rahmen des öffentlich geförderten Forschungsprojekts ProFAP (Produktionsnahe Fehlerabstellprozesse) IGF Nr.: 18753 N www.profab.rwth-aachen.de

[5] Vgl. Orendi, G.: Systemkonzept für die phasenneutrale Fehlerbehandlung als Voraussetzung für den Einsatz präventiver Qualitätssicherungsverfahren, 1993

[6] Vgl. Linß, G.: Qualitätsmanagement für Ingenieure, 2011

[7] Vgl. Plach, A.: Entwicklung einer expertenbasierten Fehlermanagement-Methode, 2011

[8] Vgl. Tuertmann, R.; Glöckner, H., et al.: Conceptual modelling of the failure management process in the production industry, 2017

[9] Vgl. Schmitt, R.; Glöckner, H.: Qualitätsregelkreise - Reaktives Qualitätsmanagement gestalten und bewerten, 2011

stellprozesse per Definition in einer sehr starken Abhängigkeit zu anderen Unternehmensprozessen. Bei der Beschreibung der angesprochenen Fehlerabstellprozesse werden die Abhängigkeiten jedoch wenig bis gar nicht berücksichtigt. Dieser Umstand legt nahe, das auch deren Integration in das Tagesgeschäft eines Unternehmens nicht ohne weiteres möglich ist, die die Ziele des wertschöpfenden Prozesses sich von denen des reaktiven Q-Prozesses unterscheiden.[10] Durch hohen Termindruck und die umfassende Überwachung der Produktion mit Kennzahlen, wie der Durchlaufzeit, Ausbringung oder der OEE (Overall Equipment Efficiency), sind die angestrebten Ziele hier tendenziell kurzfristig ausgelegt. Jede Unterbrechung des Produktionsablaufes führt zu einer Verschlechterung dieser Kennzahlen und sollte daher vermieden werden. Das Erkennen, Erfassen und Lösen von Problemen während der Produktion führt zu genau solchen Störungen. Wirtschaftlich sinnvoll kann die Unterbrechung der Produktion zur Fehlerbehebung nur sein, wenn durch diese Pause langfristig eine Einsparung möglich ist. Eine langfristige Verbesserung bedeutet, dass die Ziele der reaktiven Qualitätsprozesse zur Fehlerabstellung tendenziell mittel- bis langfristig ausgelegt sind, dadurch entsteht ein Zielkonflikt zwischen beiden Prozessen. Hier wäre eine Betrachtung der gegenseitigen Beeinflussung von Fehlerabstellung und Produktentstehung notwendig, um zu bewerten, welche Mechanismen die Entstehung von Fehlern beeinflussen und wie sich ein Fehlerabstellprozess bestmöglich in die Wertschöpfungskette integrieren lässt. Insbesondere in der Serien- und Massenproduktion ist dieser Zielkonflikt spürbar, da eine Unterbrechung des Produktionsablaufes sich unmittelbar messbar in einer Verschlechterung der Zielerreichung niederschlägt. Bedingt ist das durch die eindeutig definierten Vorgaben einer Taktzeit zur Fertigstellung eines Bearbeitungsschritts an einem Produkt. Differenzieren lassen sich die Produktionsprozesse in automatisierte und manuelle (nicht-automatisierte) Fertigungsfolgen sowie in beliebige Mischformen aus beiden.[11] Besonders deutlich wird der Zielkonflikt bei der Betrachtung von manuellen Tätigkeiten in der Produktion. Bei dieser Art der Montage hängt die Einhaltung der vorgegebenen Taktzeiten in großen Teilen von dem Mitarbeiter selbst ab, da keine Automatisierung der Arbeitsschritte durch Maschinen vorliegt. Das Erreichen eines vorgegebenen Zielwertes an Fertigprodukten kann dabei direkt in den persönlichen Zielen des Mitarbeiters verankert werden. Das Personal in einer solchen Fertigung steht direkt dem Zielkonflikt der Bemühung um eine Problembehebung zur nachhaltigen Verbesserung und der Maximierung der Anzahl von montierten Produkten gegenüber. Es liegt die Hypothese nahe, dass durch die Auflösung dieses Dilemmas die Leistungsfähigkeit der Produktion langfristig erhöht werden kann, auch wenn dadurch kurzfristige Leistungsverluste entstehen. Genau dieses Optimum zwischen der Akzeptanz von kurzfristigen Leistungseinbußen und langfristigen Verbesserungen gilt es zu finden.

[10] Vgl. Glöckner, H.; Schmitt, R.: Analyzing the Feedback Structure of Failure Management in Manufacturing Systems, 2014

[11] Vgl. Kern, W.: Handwörterbuch der Produktionswirtschaft, 1979, S. 1644

1.1 Zielsetzung der Arbeit

Übergeordnetes Ziel dieser Arbeit ist die Erhöhung der Effizienz in der manuellen Montage von produzierenden Unternehmen. Um dieses Ziel zu erreichen, wird ein Ansatz zur optimalen Anbindung des Fehlerabstellprozesses an den operativen Montageprozess eines manuell fertigenden Mitarbeiters entwickelt. Die Forschungsarbeit folgt dabei der Hypothese, dass diese Optimierung anhand eines Simulationsmodells abgeleitet wird, das sowohl die Abläufe der manuellen Montage als auch den Prozess zur nachhaltigen Fehlerabstellung in einem integrierten Modell abbildet.

Die zu stellende Forschungsfrage geht dabei direkt auf den zu lösenden Zielkonflikt ein, indem sie die Einbindung des Monteurs in den Fehlerabstellprozess aufgreift. Der Mitarbeiter selber ist nur in die ersten Schritte der nachhaltigen Fehlerabstellung involviert, nämlich der Fehlererkennung und der -erfassung[12], daher ist die Beeinflussung der Fehlerabstellung von dieser operativen Ebene auf wenige Stellhebel begrenzt. So kann dem Monteur vorgegeben werden, in welchem Umfang Fehler erfasst werden müssen und bis zu welcher Rate Defekte zwar festgestellt, aber noch keinem umfassenden Fehlerabstellprozess zugeführt werden. Diese beiden Stellhebel können als Fehlererfassungsquote und akzeptierte Defektrate bezeichnet werden. Zur gemeinsamen Messung der Zielerreichen in der Fehlerabstellung und dem Montageprozess wird die notwendige Zeit, die ein Mitarbeiter zur Produktion eines konformen Produktes benötigt, langfristig betrachtet. Daher wird folgende Forschungsfrage gestellt:

Kann der notwendige Zeitaufwand eines Mitarbeiters zur Montage eines kundenanforderungskonformen Produkts in der manuellen Montage reduziert werden, indem die Fehlererfassungsquote und die akzeptierte Defektrate in einem Prozessschritt optimiert werden?

Daraus abgeleitet ergeben sich folgende Teilforschungsfragen:

- Wie können individuelle Produktionsprozesse unter Berücksichtigung der Fehlererfassungsquote und der akzeptierten Defektrate in einem Optimierungsmodell abgebildet werden?
- Welche Modellparameter benötigt ein Optimierungsmodell, und wie können diese quantifiziert werden?
- Wie kann der Zielkonflikt zwischen kurzfristigen Zielen der Produktion und langfristigen Zielen der Fehlerabstellung aufgelöst werden?

[12] Vgl. Ellouze, W.: Entwicklung eines Modells für ein ganzheitliches Fehlermanagement, 2010, S. 38 f.

- Wie können Strategien zur Optimierung der Produktionsabläufe eines Unternehmens aus dem Simulationsmodell gewonnen werden?

Zusammenfassend existieren mehrere Einschränkungen, die bei der Beantwortung der Forschungsfrage zu berücksichtigen sind. Diese Arbeit betrachtet nur einen Ausschnitt der Fehlerabstellung in produzierenden Unternehmen. Es soll ein tiefgehendes Verständnis für die Interaktion zwischen Herstellung eines Produktes und der reaktiven Fehlerabstellung geschaffen werden, um diese in Folge zu optimieren. Dabei wird ein regelkreisbasierter Ansatz zur Verbesserung der Unternehmensleistung verfolgt.[13] Die Arbeit beschränkt sich dabei auf Fehler, die während der Produktion auftreten und reaktiv behoben werden müssen. Eine detaillierte Betrachtung der Prozesse in der Produktentwicklung zur Fehlerprävention findet nicht statt. Um eine möglichst detaillierte Analyse zu bieten, wird als Betrachtungsbereich nicht die gesamte Produktrealisierungsphase gewählt, sondern lediglich die Montage von Bauteilen oder -gruppen zu einem Fertigprodukt. Dies ist ein Prozess, der branchenübergreifend zu finden und für den ein abgrenzbares Anforderungsprofil definierbar ist.

1.2 Wissenschaftstheorie und Forschungsmethodik

Die vorliegende Arbeit ist den Ingenieurswissenschaften zuzuordnen. Allgemein unterscheidet die Wissenschaftssystematik zwischen Formal- und Realwissenschaften.[14] Die Formalwissenschaften befassen sich mit den Basisinstrumenten zur wissenschaftlichen Arbeit, wie der Konstruktion von Zeichen und Sprachen. Die Realwissenschaften unterteilen sich in die reinen Grundlagen- und die angewandten Handlungswissenschaften. Die reinen Grundlagenwissenschaften beschreiben – ausgehend von theoretischen oder empirischen Erfahrungen – wahrnehmbare Wirklichkeitsausschnitte. Bei den angewandten Handlungswissenschaften hingegen steht die Gestaltung technischer und sozialer Systeme im Vordergrund. Basieren soll diese Ausarbeitung auf der Analyse der menschlichen Handlungsalternativen.[15]

In letzterem Teilgebiet lässt sich die vorliegende Arbeit verorten. Auch hier stehen insbesondere die menschlichen Handlungsalternative in der produktionsnahen Fehlerabstellung im Vordergrund. Jedoch werden innerhalb des Forschungsprozesses auch Methoden und Ergebnisse aus den Formal- und reinen Grundlagenwissenschaften benötigt.

Das wissenschaftliche Vorgehen in dieser Dissertation orientiert sich an dem Modell zur angewandten Wissenschaft im Theorie- und Praxisbezug nach Ulrich. Abbildung 1-1 stellt hier den Aufbau der Arbeit entlang des gewählten Forschungsvorgehens dar. Von besonderer Bedeutung ist bei Forschungsarbeiten auf dem Gebiet der Realwissenschaften das Kriterium der

---

[13] Vgl. Schmitt, R.; Glöckner, H.: Qualitätsregelkreise - Reaktives Qualitätsmanagement gestalten und bewerten, 2011

[14] Vgl. Ulrich, P.; Hill, W.: Wissenschaftstheoretische Grundlagen der Betriebswirtschaftslehre (Teil I), 1976, S. 305

[15] Vgl. ebenda

faktischen Wahrheit.[16] Berücksichtigt wird dieses Kriterium im Vorgehen nach ULRICH ET AL. durch den stetigen Einbezug der Praxis in den Forschungsprozess.

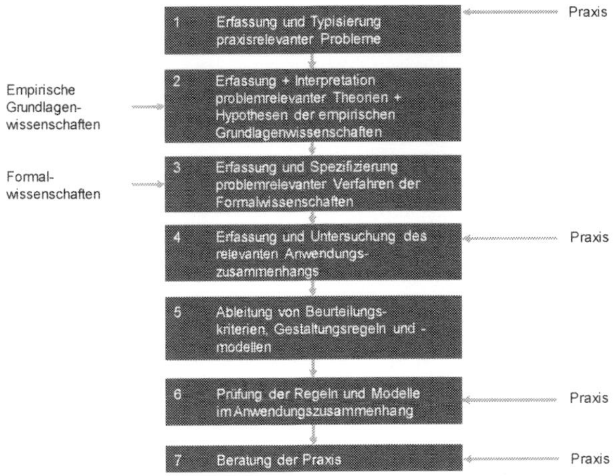

Abbildung 1-1: Forschungsvorgehen in Anlehnung an ULRICH ET AL.[17]

1.3 Aufbau der Arbeit

Die vorliegende Forschungsarbeit aus den Realwissenschaften entwickelt einen Optimierungsansatz in Form eines Simulationsmodells; daher wird bei der Gestaltung des Aufbaus ein Modell in Anlehnung an RABE ET AL. herangezogen. Zunächst werden dazu die Anforderungen des Ablaufs nach ULRICH ET AL. im Vorgehensmodell zur Simulation nach RABE ET AL. verortet. Damit wird sichergestellt, dass die einzelnen Schritte des Forschungsprozesses weiterhin Anwendung finden und das Vorgehen nach RABE ET AL. mit dem Prozedere nach ULRICH ET AL. vereinbar ist. In Abbildung 1-2 ist zu diesem Zweck das Verfahren zur Erzeugung eines Simulationsmodells nach RABE ET AL. dargestellt. In dieser Grafik wurden die sieben Schritte des Forschungsprozesses nach ULRICH ET AL. verortet.

---

[16] Vgl. Ulrich, P.; Hill, W.: Wissenschaftstheoretische Grundlagen der Betriebswirtschaftslehre (Teil I), 1976, S. 306

[17] Vgl. Ulrich, H.; Dyllick, T., et al.: Management, 1984, S. 193

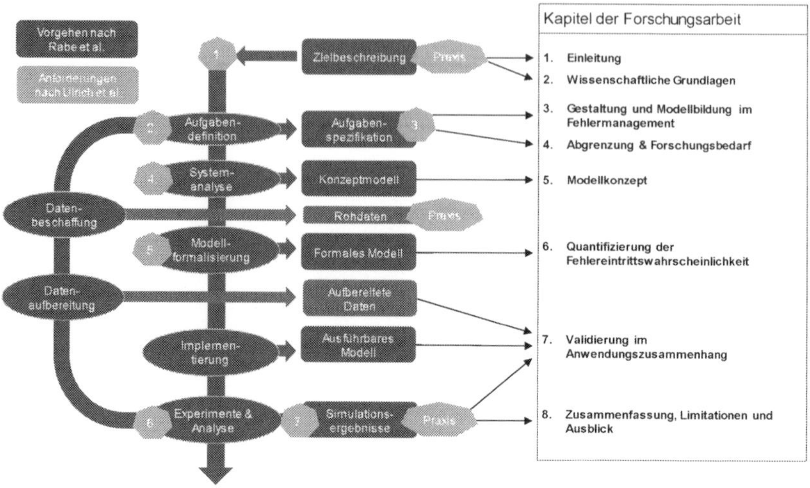

Abbildung 1-2: Vorgehensmodell bei Simulation nach RABE ET AL.[18]

Die Darstellung in Abbildung 1-2 zeigt auf, dass die beiden Vorgehen einer sehr ähnlichen Struktur folgen. Das Modell nach RABE ET AL. geht zusätzlich auf die spezifischen Anforderungen einer Modellentwicklung ein und wird daher als Vorlage zur Gliederung dieser Forschungsarbeit verwendet. Die einzelnen Schritte nach RABE ET AL. werden zusätzlich durch ständige Verifizierungs- und Validierungsaktivitäten (V&V) begleitet, die insbesondere in Kapitel 0 Anwendung finden.

Die Forschungsarbeit beginnt mit der Beschreibung der Motivation und der daraus resultierenden Forschungsfrage. In Kapitel 2 werden die verwendete Begriffe definiert und die Grundlagen der Produktionssysteme referiert, um diese Rahmenbedingungen in der Modellkonzeptphase aufgreifen zu können. Die existierenden Lösungsansätze aus dem Themenkomplex der Forschungsfragen werden in Kapitel 3 vorgestellt, analysiert und hinsichtlich ihrer Einsatzfähigkeit für die definierte Problemstellung bewertet. Als Ergebnis von Kapitel 3 wird der Ansatz mit der größten Eignung identifiziert. Gegenstand von Kapitel 4 ist die detaillierte Analyse des ausgewählten Ansatzes, um den resultierenden Forschungsbedarf aufzuzeigen. Das selektierte Ausgangskonstrukt wird hinsichtlich der Problemstellung weiterentwickelt anstatt ein vollständig neues Modell zu schaffen. Diese Modellerweiterung wird in Kapitel 5 konzeptioniert und mündet in einem vollständigen Causal-Loop-Diagramm. Aus der Modellkonzeptphase geht die Notwendigkeit einer Methode zur Quantifizierung des Modells hervor. Die Entwicklung

---

[18] Vgl. Rabe, M.; Spiekermann, S., et al.: Verifikation und Validierung für die Simulation in Produktion und Logistik, 2008, S. 5

einer geeigneten Quantifizierungsmethode ist Gegenstand des Kapitels 6. Dazu werden existierende Methoden identifiziert, hinsichtlich ihrer Anwendbarkeit auf die manuelle Montage bewertet, und einer dieser Ansätze wird an die Anforderungen der manuellen Montage angepasst. Mit Abschluss von Kapitel 6 sind alle theoretischen Grundlagen zur Programmierung des Simulationsmodells entwickelt. Dazu wird zunächst ein Teilmodell programmiert und gemäß dem Vorgehen nach RABE ET AL. getestet und verifiziert. So wird sichergestellt, dass das Modell grundsätzlich ein plausibles Verhalten zeigt. Nach diesen ersten Tests folgt die vollständige Programmierung des Modells zur Abbildung einer realen Montagelinie aus der Automobilindustrie. Anhand dieses Praxisbeispiels können die Simulationsergebnisse mit den realen Daten abgeglichen werden, um das Modellverhalten zu validieren. Final kann das Modell zur Beantwortung der Forschungsfrage eingesetzt werden, indem Simulationen mit verschiedenen Parameterwerten durchgeführt und die Ergebnisse ausgewertet werden.

2 Wissenschaftliche Grundlagen

Die vorliegende Arbeit behandelt eine Fragestellung auf dem Forschungsgebiet der Produktionswissenschaften. Fokussiert werden insbesondere reaktive Qualitätsmanagementprozesse zur Abstellung von Produktfehlern, die im Montageprozess auftreten. Zur Beantwortung dieser Fragestellung werden die wissenschaftlichen Grundlagen aus den jeweiligen Themenkomplexen dargestellt. Das umfasst zunächst die Begriffe Fehler (2.1) und Fehlermanagement (2.2), die wissenschaftlich definiert werden, um ein einheitliches Verständnis innerhalb dieser Forschungsarbeit zu schaffen. Daraufhin kann das Fehlermanagement in der Organisationsstruktur und dem Wertstrom einer Organisation verortet werden(2.3). Die verschiedenen Gestaltungsmöglichkeiten des Fehlermanagements werden anschließend durch eine vergleichende Analyse einer Vielzahl von anerkannten Prozessmodellen dargelegt (2.4).

Zur Definition der wissenschaftlichen Grundlage hinsichtlich einer Modellentwicklung wird nachfolgend auf das Produktionssystem innerhalb eines Unternehmens eingegangen, um die grundsätzliche Eignung einer Modellbildung zur Beantwortung der Forschungsfrage zu belegen (2.5). Um die notwendigen Komponenten für diese Modellbildung zu identifizieren, werden die Grundlagen der Produktionswirtschaft (2.6) sowie die verschiedenen Produktionsfaktoren (2.7) und -planungsarten (2.8) eingehend beschrieben.

2.1 Der Fehlerbegriff

Eine verbreitete und allgemeine Definition des Fehlerbegriffs liefert die Norm DIN EN ISO 9000. Hier wird ein Fehler auch als Nichtkonformität bezeichnet. Definiert ist dieser Terminus schlicht als die Nichterfüllung einer Anforderung [19]. Eine Anforderung ist durch die Norm als *„Erfordernis oder Erwartung, das oder die festgelegt, üblicherweise vorausgesetzt oder verpflichtend ist“* definiert[20]. Inkludiert sind somit sowohl explizit dokumentierte Anforderungen, z.B. in Form eines Pflichtenhefts als auch implizite Anforderungen, die „üblicherweise“ zu erwarten sind. In dieser Form ist der Fehlerbegriff vielfältig einsetzbar.

Eine allgemeingültige Definition des Fehlerbegriffs liefert auch WEINGARDT[21]. Er benennt den Fehlerbegriff als transdisziplinär anwendbar und definiert:

„Als Fehler bezeichnet ein Subjekt angesichts einer Alternative jene Variante, die von ihm - bezogen auf einen damit korrelierenden Kontext und ein spezifisches Interesse - als so ungünstig beurteilt wird, dass sie unerwünscht erscheint.“

---

[19] Vgl. Deutsches Institut für Normierung: Quality management systems - Fundamentals and vocabulary, 2015, S. 40

[20] Vgl. a. a. O., S. 39

[21] Vgl. Weingardt, M.: Fehler zeichnen uns aus, 2004, S. 234

Diese allgemeinen Formen der Fehlerdefinition können zum einen auf ein physisches Produkt zum anderen jedoch auch auf einen Produktionsprozess angewandt werden. Im Sinne dieser Definitionen bedeutet jede Abweichung eines Produktes oder Prozesses von einer Anforderung ein Fehler. Dabei ist nicht weiter definiert, wer diese Anforderungen explizit wie implizit vorgibt. Im Rahmen dieser Dissertation wird der Fehlerbegriff in zweierlei Hinsicht eingeschränkt: Als Anforderungsgeber wird hier eine Einschränkung auf den Kunden und den Prozessverantwortlichen vorgenommen. (Der Kunde repräsentiert hier der Entität, die einen definierten Prozess-Output fordert. In dieser Arbeit wird der Prozessoutput auf ein physisches Produkt eingeschränkt.) Ein Prozessfehler ist folglich nur im Betrachtungsbereich, wenn er zu Fehlern am Produkt führt, die für den Kunden von Bedeutung sind oder sich auf die Zielerreichung in der Produktion auswirkt. Die Definition der Zielvorgaben erfolgt dabei durch die Produktionsplanung und -steuerung auf die in Kapitel 2.8 eingegangen wird. Das zugrundeliegende Zielsystem für diese Forschungsarbeit wird in Kapitel 5.3 definiert.

2.2 Fehlermanagement in produzierenden Unternehmen

Zur Verbesserung der Gesamtleistung eines Unternehmens ist die Reduzierung von Fehlern jeglicher Art ein logisches Ziel. Der Begriff des Fehlermanagements umfasst dabei alle Maßnahmen zur nachhaltigen Vermeidung und Vorbeugung von Fehlern.[22] Dieser ist als lernender Prozess zu verstehen, der systematisch Fehler behandelt.[23] Bezogen auf den Zeitpunkt der Aktivitäten entlang der Wertschöpfungskette lassen sich die existierenden Ansätze in ein präventives und ein reaktives Fehlermanagement unterteilen. Das präventive Fehlermanagement inkludiert alle Aktivitäten und Methoden, die das Ziel verfolgen, eine Fehlerentstehung von vornherein zu vermeiden. Eine der verbreitetsten Methoden in diesem Zusammenhang ist die Fehlermöglichkeits- und Einflussanalyse (FMEA)[24]. Sie existiert sowohl für Produkte also auch für Prozesse und verfolgt das Ziel, mögliche Fehler schon während der Konstruktionen des betrachteten Objekts zu antizipieren. Das reaktive Fehlermanagement kommt folglich erst dann zur Anwendung, wenn eine Fehlervermeidung nicht mehr möglich und der Fehlerfall schon eingetreten ist. Hierzu existiert eine Vielzahl von Ansätzen, die eine Behandlung dieser aufgetretenen Fehler beschreiben. Durch den Fokus dieser Dissertation auf die Produktion – und insbesondere auf die Montage – sind die reaktiven Fehlermanagementansätze von höherer Bedeutung und werden in der folgenden Analyse fokussiert.

---

[22] Vgl. Linß, G.: Qualitätsmanagement für Ingenieure, 2011, S. 409

[23] Vgl. Jarke, M.; Klamma, R.: Innovation durch rechnergestütztes Fehlermanagement: Ergebnisse des BMBF-Projekts FOQUS, 1998, S. 247

[24] Vgl. Pfeufer, H.-J.: FMEA--Fehler-Möglichkeits- und Einfluss-Analyse, 2015, S. 10 ff.

2.3 Verortung des reaktiven Fehlermanagements innerhalb der Organisation

Einen Ordnungsrahmen zur Gestaltung der Prozesse bezüglich der Unternehmensqualität bietet das Aachener Qualitätsmanagement Modell.[25] Kern des Konzepts bildet der sogenannte Quality Stream (Abbildung 2-1). Input für den Quality Stream sind Kundenforderungen, die aus dem Markt gewonnen werden.

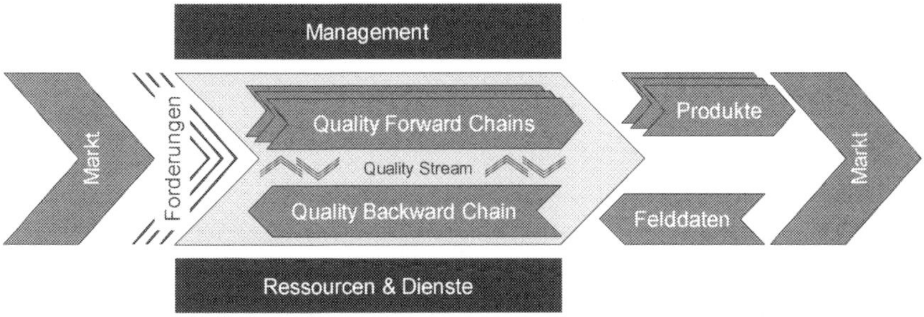

Abbildung 2-1: Aachener Qualitätsmanagement Modell[26]

Auf Basis dieser Forderungen wird ein Produkt entworfen, welches den Kundenwünschen bestmöglich entspricht. Innerhalb des Quality Streams findet ebenfalls die Erzeugung eines entsprechenden Produktes statt. Notwendig dazu sind ein entsprechendes Management sowie Unternehmensressourcen und Dienste. Das Management umfasst dabei Ziele, Strategien, Systeme, Werte und Organisationsstrukturen, während unter Ressourcen und Diensten Betriebsmittel, IKT, Mitarbeiter, Technologien und Methoden zu verstehen sind. Weiterhin teilt sich der Quality Stream in die Quality Chains (vgl. Englisch: Ketten) auf. Diese „Chains" unterscheiden sich insbesondere hinsichtlich ihrer „Laufrichtung". Die „Quality Forward Chains" (kurz: QFCs) beinhalten dabei alle Material- und Informationsflüsse in Richtung des Wertschöpfungsprozesses. Sie sind zum Beispiel entlang klassischer Unternehmensbereiche wie Vertrieb, Konstruktion, Planung, Fertigung, Montage und Versand gestaltet. Dementsprechend sind die „rückwärts" gerichteten Qualitätsprozesse an alle Material- und Informationsflüsse eines Prozessschrittes geknüpft, die sich auf einen vorgelagerten Prozessschritt auswirken. Dies ist typischerweise im reaktiven Fehlermanagement der Fall. Hier werden bereits aufgetretene Fehler erkannt, analysiert und darauf basierende Maßnahmen definiert, die zur Anpassung eines vorgelagerten Prozessschrittes führen. Der Prozess zum Fehlermanagement ist folglich in der „Quality Backward Chain" (kurz: QBC) zu verorten. Die mögliche Ausgestaltung dieses Verfahrens wird in Abschnitt 2.4 beschrieben: Hier werden Modelle betrachtet, die den Fehlermanagementprozess isoliert betrachten. Das Aachener Modell legt zudem dar, dass zwischen vorwärts- und rückwärtsgerichteten Prozessen starke Wechselwirkungen

[25] Vgl. Schmitt, R.; Heinrichs, V., et al.: Basiswissen Qualitätsmanagement, 2015, S. 20

[26] Vgl. a. a. O., S. 32

bestehen. Im weiteren Verlauf der Arbeit wird daher untersucht, inwieweit die Literatur die Existenz solcher Wechselwirkungen bestätigen kann und welche Lösungsansätze in diesem Zusammenhang bestehen. Um Wechselwirkungen zwischen dem Fehlermanagementprozess als QBC und dem Wertschöpfungsprozess als QFC zu analysieren, wird auch der relevante Abschnitt in diesem Wertschöpfungsprozess beschrieben. Im Hinblick auf die Forschungsfrage wird der Montageprozess durch einen Mitarbeiter als Quality Forward Chain definiert; Vorgaben für diesen Montageprozess werden dabei durch die Produktionsplanung und -steuerung festgelegt. Durch Verbindung der QFCs und der QBC aufgrund der Wechselwirkungen, wird ein dynamisches Produktionssystem gebildet.[27] Diese Spezifizierung des Aachener Qualitätsmanagement Modells wird in Abbildung 2-2 im Sinne der Forschungsfrage veranschaulicht.

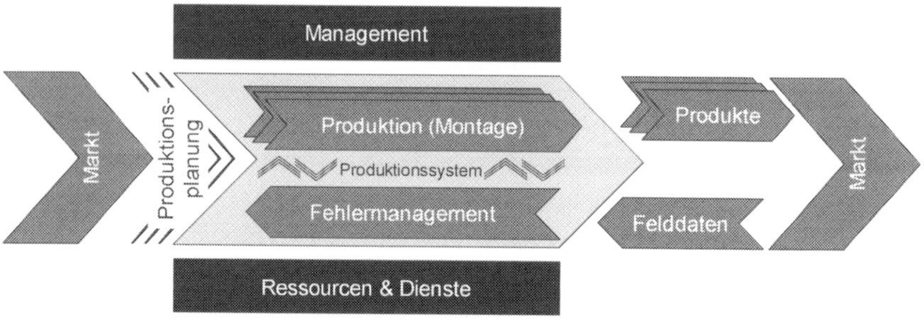

Abbildung 2-2: Verortung der Forschungsarbeit im Aachener Qualitätsmanagement Modell

2.4 Gestaltungsmodelle im reaktiven Fehlermanagement von produzierenden Unternehmen

Um den innerbetrieblichen Umgang mit Fehlern an einem Produkt oder in einem Prozess möglichst effektiv und effizient zu gestalten, existieren bereits Referenzprozesse, Simulationsmodelle, Methoden, Datenmodelle und viele weitere Hilfsmittel. In dieser Arbeit werden zwei Arten von Lösungsansätzen unterschieden, diese werden in der Forschungsarbeit als isolierte und integrierte Ansätze bezeichnet. Die isolierten Ansätze fokussieren dabei den Fehlermanagementprozess und versuchen diesen getrennt von den übrigen Prozessen optimal zu gestalten. Die integrierten Ansätze fassen die Produktion eines Unternehmens als dynamisches System

---

[27] Vgl. Glöckner, H.; Schmitt, R.: Analyzing the Feedback Structure of Failure Management in Manufacturing Systems, 2014

auf und führen so eine Optimierung des Fehlermanagementprozesses (bzw. anderer Qualitätsprozesse) unter Berücksichtigung von Wechselwirkungen mit den anderen Unternehmensprozessen durch.[28]

In der Literatur existiert eine Vielzahl von Ansätzen zur isolierten Gestaltung des betrieblichen Fehlermanagements, sie werden im folgenden Abschnitt vorgestellt und anschließend diskutiert.

2.4.1 SAFE

Das SAFE-Modell[29] unterstützt Unternehmen bei der Gestaltung von präventiven und reaktiven Maßnahmen zur Fehlervermeidung bzw. -abstellung von bereits aufgetretenen Fehlern. SAFE steht dabei für „Sicheres Handeln bei Ausnahmesituationen durch umfassendes Fehlermanagement". Dieses Modell umfasst dabei auch die methodische Unterstützung der Mitarbeiter. Ziel ist die Übermittlung der notwendigen Informationen an den richtigen Sachbearbeiter zur richtigen Zeit am richtigen Ort. Um dies zu gewährleisten, ist eine möglichst starke Integration der Beschäftigten in den Problemlöseprozess notwendig. Dies soll durch die Bereitstellung einer anforderungsgerechten Informations- und Kommunikationstechnologie (IKT) und einer maßgeschneiderten Methodenauswahl sichergestellt werden. Das SAFE-Modell beinhaltet einen von ELLOUZE gestalteten Referenzprozess zur Fehlerabstellung, der aus acht Hauptprozessschritten, hier auch Module genannt, besteht. Diese Hauptprozessschritte sind in diverse Teilprozesse separiert. Der Prozess wird nach dem Erkennen eines Fehlers sequenziell durchlaufen. Für jeden der Hauptprozessschritte existiert ein Set aus Methoden zur Unterstützung des verantwortlichen Mitarbeiters (siehe Abbildung 2-3).

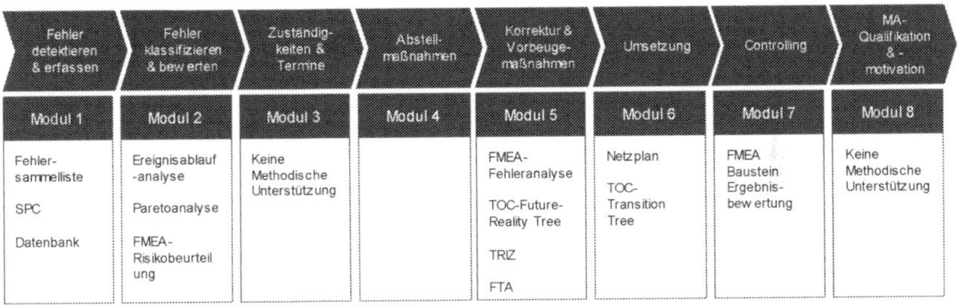

Abbildung 2-3: Module des SAFE-Ansatzes[30]

Neben der Gestaltung und Unterstützung des Prozesses zur Fehlerabstellung soll das SAFE-Modell zur systematischen Speicherung des Fehlerwissens dienen. Auf Basis dieser stetig

[28] Es ist zu berücksichtigen, dass diese Unterteilung nicht für jeden Ansatz trennscharf durchzuführen ist, und dass sie nur einer groben Abgrenzung der Lösungsansätze voneinander dient.

[29] Vgl. Ellouze, W.: Entwicklung eines Modells für ein ganzheitliches Fehlermanagement, 2010, S. 2

[30] Vgl. a. a. O., S. 80

wachsenden Erkenntnisse soll die Entscheidungsqualität hinsichtlich der Fehlerpriorität und der Maßnahmenauswahl kontinuierlich gesteigert werden. Das SAFE-Modell wurde hinsichtlich einer Umsetzbarkeit in einem Workflow-Management-System (WMS) gestaltet. Durch diese Softwareunterstützung soll die praktische Anwendung ermöglicht werden. Auch die Methoden der einzelnen Module können durch eine entsprechende Softwarelösung an das WMS angeschlossen werden. Das SAFE-Modell bildet so ein umfassendes Konzept zur Gestaltung des Fehlermanagements in einem produzierenden Unternehmen.

2.4.2 FAMOS

In dem Projekt FAMOS hat sich PLACH insbesondere mit der anforderungsgerechten Eingabe von Fehlerdaten und dem Auffinden von existierendem Wissen innerhalb der Fehlerdatenbank befasst. In diesem Ansatz zum Fehlermanagement steht die IKT zur Speicherung und Nutzung des Fehlerwissens innerhalb des Unternehmens. Es soll jedem Mitarbeiter ermöglicht werden, Daten in die unternehmensweite Fehlerdatenbank eingeben und nutzen zu können. Dazu wurden drei Methoden definiert: TIGER, GEPARD und PUMA. Die Methode GEPARD (Generischer Eingabe-Protokoll-Assistent Relevanter Daten) erlaubt die Eingabe eines Fehlerfalls unter Verwendung von vorgegebenen Satzbausteinen. So werden Rechtschreib- und Grammatikfehler bei der Dateneingabe vermieden. Die Methode PUMA (Phrasen-Ursachen-Maßnahmen-Assistent) unterstützt den Mitarbeiter hinsichtlich des Abgleichs des betrachteten Fehlerbildes mit den Einträgen aus der Datenbank, zu denen bereits Maßnahmen definiert wurden. Das Fehlerwissen wird mit TIGER (Teambasierter Interdisziplinärer Gedankenaustausch) in die Datenbank übertragen. In speziell zu den erkannten Fehlerbildern initiierten Workshops werden Maßnahmen entwickelt, um diese anschließend in der Datenbank abzulegen. Der Ansatz nach PLACH ist somit kein Referenzprozess zum Fehlermanagement, sondern umfasst ein Set aus IT-gestützten Methoden zur Bildung einer leistungsstarken Fehlerdatenbank.[31]

2.4.3 FIBS

LASCHET entwickelte einen Fehlerursachenschlüssel zur Erstellung eines Fehlerinformations- und Bewertungssystems (FIBS). Auf Basis dieses Fehlerschlüssels sollen Fehlerdaten einfach erfasst und analysiert werden. Der Schlüssel umfasst die drei Positionen Ressourcen-, Ursachen- sowie Merkmalsbezug und bildet damit die Grundstruktur des Fehlerdatenmodells. Für den Einsatz dieser Struktur wurden von LASCHET ein Erfassungs- und ein Auswertemodul entwickelt. Der Autor unterscheidet bei der Erfassung zwischen objektbezogenen Fehlerdaten (Produkt) und strukturbezogenen Fehlerdaten (Prozess), wobei der Fokus auf den objektbezogenen Fehlern liegt. Diese Fehlerdaten bilden die Basis für ein nachgelagertes Anforderungs- und Änderungsmanagement. Die strukturbezogenen Fehlerdaten können unter ande-

[31] Vgl. Plach, A.: Entwicklung einer expertenbasierten Fehlermanagement-Methode, 2011

rem zur Prozessbewertung gegenüber Kunden und internen Prozessverantwortlichen eingesetzt werden. Innerhalb des Bewertungsmoduls werden die erfassten Fehlermeldungen hinsichtlich Zeit und Kosten bewertet. Die Grundlage dafür bilden notwendige Mehraufwände zur Fehlerbehandlung und zu entstandenen Fehlerkosten. LASCHET liefert mit seinem Fehlermanagementansatz im Wesentlichen eine Grundstruktur für ein Datenmodell mit Gestaltungsansätzen für Methoden zur Fehlererfassung und -bewertung. Ein Referenzprozess wird somit in Teilen implizit vorgegeben.[32]

2.4.4 Aachener CFM-Modell

TÜRTMANN ET. AL beschreiben einen datenorientierten Referenzprozess für ein integriertes Beschwerden- und Fehlermanagement (vgl. Englisch: Complaint and Failure Management, kurz CFM). Herauszuheben ist an diesem Modell, dass nicht zwischen Fehlermanagement und Beschwerde bzw. Reklamationsmanagement unterschieden wird. TÜRTMANN ET AL. folgen der Annahme, dass beide Prozesse zu integrieren seien, äquivalente Anforderungen besäßen und somit eine einheitliche Gestaltung notwendig sei. Das Modell, dargestellt in Abbildung 2-4, ist in drei Ebenen unterteilt.

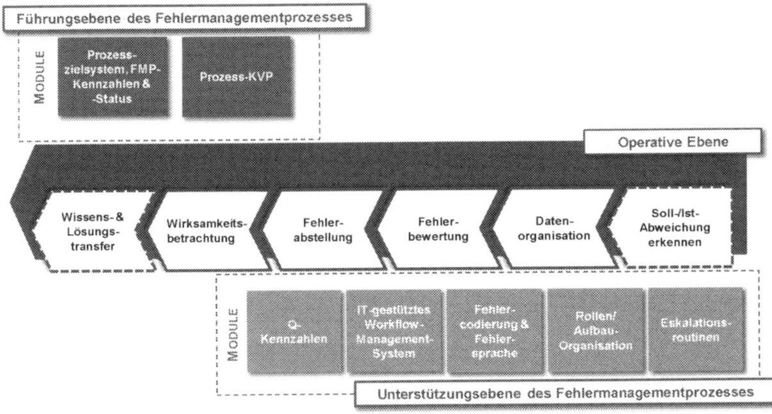

Abbildung 2-4: Aachener CFM-Modell[33]

Die Führungsebene umfasst dabei das Zielsystem des Fehlermanagementprozesses inklusive der entsprechenden Kennzahlen und Statuserfassung der zu behandelnden Fehlerfälle. Auch der kontinuierliche Verbesserungsprozess (KVP) ist in der Managementebene verortet. Ein

[32] Vgl. Laschet, A.: Konzeption eines Fehlerinformations- und -bewertungssystems, 1995

[33] Vgl. Tuertmann, R.; Ruessmann, M., et al.: Challenges and design of a data-oriented complaint and failure management, 2016

Referenzprozess für das unternehmensweite Fehler- und Beschwerdemanagement ist als operative Ebene im Modell verankert. Der Prozess beginnt mit der Erkennung einer Soll- /Ist-Abweichung und beschreibt die Fehlerursachenbeseitigung in den folgenden vier Schritten: Abweichung erkennen, Datenorganisation, Fehlerbewertung und -abstellung. Abgeschlossen ist der einzelne Fehlerfall mit Schritt fünf, der Wirksamkeitsbetrachtung. Im Anschluss an die Abstellung des konkreten Fehlerfalls erfolgt in einem sechsten Schritt die Übertragung der erarbeiteten Problemlösung auf andere Unternehmensbereiche. TÜRTMANN et al. führen aus, dass für ein erfolgreiches Fehler- und Beschwerdemanagement eine Unterstützungsebene notwendig ist. Diese Ebene beinhaltet die notwendige innerbetriebliche „Infrastruktur". Darunter sind die notwendige Softwareunterstützung, die Datenstrukturen, die Aufbauorganisation, die Eskalationsroutinen und entsprechende Kennzahlen zu verstehen. Das Modell bildet so einen Ordnungsrahmen, bleibt jedoch trotz genauer Ausgestaltung der einzelnen Elemente auf einem hohen Abstraktionsniveau.

2.4.5 LINß

Auch LINß beschreibt einen Referenzprozess zur Fehlerabstellung. Dazu definiert er sieben notwendige Prozessschritte mit jeweils ein bis vier Teilprozessen (siehe Abbildung 2-5). LINß unterscheidet zwischen externer (vgl. Reklamationsmanagement) und interner (vgl. Fehlermanagement) Fehlerabstellung. Das Modell liefert dazu eine Beschreibung der notwendigen Aufgaben. Benötigte Elemente für eine erfolgreiche Umsetzung bleiben unberücksichtigt.[34]

Lenkung fehlerhafte Produkte	Fehler-erfassung	Sofort-maßnahme	Fehler-analyse	Korrektur-maßnahmen erarbeiten	Korrektur-maßnahmen umsetzen	Erfolgs-kontrolle
Kennzeichnung Absonderung Beurteilung Benachrichtigung	Probleme formulieren Fehler klassifizieren Daten erfassen & auswerten	Kurzzeit-maßnahmen zur Fehler-verhinderung	Hautpursache analysieren Symptome abgrenzen Anwendung von Qualitätstechniken Vergleich mit ähnlichen Problemen	Vorhandene Lösungen anwenden & neue Lösungen suchen Dauerhafte Verbesserungen festlegen QM-Dokumente abgleichen	Verantwortlich-keiten festlegen Korrektur-maßnahmen einführen Vorgehen dokumentieren Information an Beteiligte	Wiederauftreten verhindern Kontrollen planen und durchführen Projektschritte dokumentieren

Abbildung 2-5: Referenzprozess zur effektiven Fehlerabstellung nach Linß[35]

2.4.6 FOQUS

Innerhalb des Projekts FOQUS wurden verschiedene Lösungsansätze für das produktionsnahe Fehlermanagement entwickelt. Kern des Ansatzes ist eine unternehmensweite Informationsbasis, die Wissen aus verschiedenen Qualitätsregelkreisen sammelt und diese Informationen an geeigneter Stelle zu Verfügung stellt. So kann ein lernendes System geschaffen

[34] Vgl. Linß, G.: Qualitätsmanagement für Ingenieure, 2011

[35] Vgl. a. a. O., S. 410

werden. In diesem Ansatz wird zwischen externem und internem Fehlermanagement unterschieden. Das externe Fehlermanagement bezieht sich dabei auf die Produktnutzung durch den Kunden, das interne Fehlermanagement hingegen befasst sich mit Fehlern, die während der Produktherstellung auftreten (produktionsnahes Fehlermanagement).[36] [37] Die Basis für dieses lernende System bildet ein umfassendes Fehlerdatenmodell.[38]

Gemäß dem Ansatz des FOQUS Projekts erstreckt sich ein Fehlermanagementprozess über mehrere Ebenen, welche durch eine Eskalationsroutine miteinander verbunden sind. Auf der Mikroebene ist der Prozessablauf vergleichbar mit dem nach LINß oder TÜRTMANN ET AL. Im Wesentlichen sind hier die Schritte Fehlererfassung, Fehleranalyse und -korrektur enthalten. Sollte in einem Verantwortungsbereich keine Lösung gefunden werden können (Ebene), wird der entsprechende Prozess in den nächsthöheren Verantwortungsbereich eingesteuert. Diese Eskalationsroutine ist der Makroprozess.[39]

2.4.7 ORENDI

ORENDI entwickelte ein Konzept zur Erfassung von Fehlerdaten entlang des gesamten Produktentstehungsprozesses. Durch die Sammlung und systematische Abstellung von Prozess- und Produktfehlern verfolgt auch ORENDI die Erschaffung eines lernenden Systems.[40] Er hebt insbesondere die Notwendigkeit von unternehmensweit einheitlichen Fehlerkatalogen hervor. Diese sind hierarchisch aufzubauen, und jeder Fehler ist mit einem alphanumerischen Schlüssel zu versehen; welcher soll die Auswertbarkeit der Fehlerdaten ermöglichen soll, indem Synonyme und Homonyme vermieden werden.[41] ORENDI beschreibt ebenfalls einen Prozess, der zur Abstellung eines Fehlers durchlaufen werden muss (siehe Abbildung 2-6), er umfasst die Datenaufnahme, Maßnahmendurchführung und Überprüfung. Nach Abschluss der individuellen Fehlerabstellung sollen durch die Auswertung der Datenbasis Verbesserungsmaßnahmen in diversen Einheiten, wie Produkten, Prozessen oder Betriebsmitteln, entwickelt und umgesetzt werden.[42]

---

[36] Vgl. Pfeifer, T.: Fehlermanagement mit objektorientierten Technologien in der qualitätsorientierten Produktion, 1997, S. 20 ff.

[37] Vgl. a. a. O., S. 7

[38] Vgl. a. a. O., S. 28

[39] Vgl. Jarke, M.; Klamma, R.: Wissensbasiertes Verbesserungsmanagement, 2003, S. 7

[40] Vgl. Orendi, G.: Systemkonzept für die phasenneutrale Fehlerbehandlung als Voraussetzung für den Einsatz präventiver Qualitätssicherungsverfahren, 1993, S. 6

[41] Vgl. a. a. O., S. 15 f.

[42] Vgl. a. a. O.

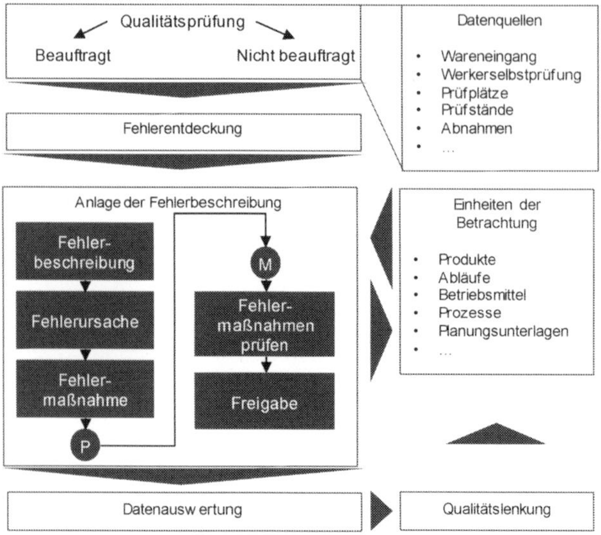

Abbildung 2-6: Fehlermanagement nach ORENDI[43]

2.4.8 Fazit zu Ansätzen des reaktiven Fehlermanagements

Bei der Betrachtung von existierenden Ansätzen im Fehlermanagement zeichnet sich ein weitgehend einheitliches Bild ab. Tabelle 2-1 veranschaulicht zusammenfassend, in welchem Umfang einzelne Themen durch die Autoren adressiert werden. Es werden vielfach Referenzprozesse, die für eine erfolgreiche Fehlerabstellung zu durchlaufen sind, beschrieben. Die Inhalte der einzelnen Prozessschritte weisen dabei einen hohen Überdeckungsgrad zwischen den verschiedenen Autoren auf. Es lässt sich feststellen, dass das Thema Datenorganisation bei vielen Konzepten besondere Aufmerksamkeit erfährt. Hier liefern einzelne Modelle schon konkrete Lösungsmöglichkeiten. Über den Einsatz von Methoden des Qualitätsmanagements herrscht ebenfalls weitgehende Einigkeit, sodass es bei der Festlegung der notwendigen Aufgaben im Fehlermanagement zunächst kein weiterer Forschungsbedarf besteht. Was jedoch bei den unterschiedlichen Konzepten überwiegend nicht mit einbezogen wird, ist die Berücksichtigung der übrigen Unternehmensprozesse. Vielmehr beschreiben die Autoren eine autarke Gestaltung des Fehlermanagements, ohne dabei auf mögliche Zielkonflikte und Schnittstellen zu anderen Prozessen einzugehen. Insbesondere die Interaktion mit den wertschöp-

[43] Vgl. Orendi, G.: Systemkonzept für die phasenneutrale Fehlerbehandlung als Voraussetzung für den Einsatz präventiver Qualitätssicherungsverfahren, 1993, S. 64

fenden Prozessen findet kaum Beachtung. Im Folgenden wird daher untersucht, wo das Fehlermanagement innerhalb der Organisation verankert sein sollte, um eine Fehlerabstellung im Sinne der Gestaltungsansätze durchzuführen.

Tabelle 2-1: Umfang von Inhalten zu spezifischen Themenfeldern in Ansätzen zum unternehmensweiten Fehlermanagement

FM-Ansatz	Referenzprozess	Datenorganisation	Methoden	Integration in den Wertschöpfungsprozess
SAFE	●	◑	◕	○
FAMOS	◔	◕	◕	◑
FOQUS	◕	◕	◑	◔
FIBS	◔	◕	◑	○
LINß	●	○	◔	○
TÜRTMANN ET AL.	●	○	○	◔
ORENDI	◕	◕	◔	◔

2.5 Definition des Produktionssystems als komplexes, dynamisches System

Systeme werden grundsätzlich anhand der Eigenschaften einfach, kompliziert und komplex unterschieden.[44] [45] Einfache Systeme zeichnen sich durch einen geringen Vernetzungsgrad der enthaltenen Elemente aus, komplexe Systeme durch einen entsprechend hohen Vernetzungsgrad. Hinzu kommt bei komplexen Systemen eine ausgeprägte Dynamik im Systemverhalten.[46] [47] Dynamik ist in diesem Kontext die Eigenschaft des Systems, sein Verhalten abhängig vom betrachteten Zeitpunkt zu ändern. Daher unterliegen die Größen in einem dynamischen System zumindest teilweise einer Funktion, die dependent vom Faktor Zeit ist. Diese

---

[44] Vgl. Freitag, M.: Modellierung und Analyse von Produktionssystemen mit Methoden der nichtlinearen Dynamik, 2005, S. 7 ff.

[45] Vgl. Stüttgen, M.: Strategien der Komplexitätsbewältigung in Unternehmen, 2003, S. 22

[46] Vgl. Freitag, M.: Modellierung und Analyse von Produktionssystemen mit Methoden der nichtlinearen Dynamik, 2005, S. 7 f.

[47] Vgl. Stüttgen, M.: Strategien der Komplexitätsbewältigung in Unternehmen, 2003, S. 20

Dynamik entsteht durch sich verändernde Eingangsgrößen und wird über die funktionalen Zusammenhänge in der Veränderung der Systemausgangsgrößen messbar.[48]

Durch ihre Systemcharakteristik neigen komplexe Systeme dazu, auf Veränderung in der Systemumwelt besonders stark zu reagieren und so unerwünschtes oder unerwartetes Verhalten zu zeigen (Fehlverhalten). Neben diesem von „außen" erzeugten Verhalten können diese Systeme auch intern neues Fehlerverhalten generieren.[49] Diese Tatsachen, die vorgestellten Ansätze aus Kapitel 3.3 und die relevante Literatur[50] legen nahe, dass auch die industrielle Produktion als komplexes System aufgefasst und modelliert werden kann. Zur Modellierung eines solchen Systems wird daher die inhaltliche Ausgestaltung der Produktionssysteme anhand der entsprechenden Literatur analysiert. Zur vertiefenden Analyse des Themenkomplexes um die Produktionssysteme nennt die Literatur die Produktionswirtschaftslehre als wissenschaftliche Disziplin[51], daher wird auf dieses Gebiet im folgenden Kapitel detailliert eingegangen.

2.6 Grundlagen der Produktionswirtschaft

Als Mittelpunkt der gesamten Produktionswirtschaft nennt DYCKHOFF die Transformation.[52] Eine Transformation ist die qualitative, quantitative, räumliche oder zeitliche Veränderung von Objekten. Eine solche Transformation, die durch den Menschen herbeigeführt wird, um eine Nutzenerhöhung (Wertschöpfung) herbeizuführen, wird als Produktion bezeichnet.[53] Unter einer Produktion bzw. des zugrundeliegenden Produktionsprozesse wird demnach die Erzeugung von Gütern oder Dienstleistung unter dem Einsatz von Produktionsfaktoren verstanden.[54] Die eingesetzten Produktionsfaktoren werden auch als Input tituliert. Die wesentlichen Faktoren sind dabei die menschliche Arbeit, die verwendeten Werkstoffe und die eingesetzten Betriebsmittel. (Abbildung 2-7)

---

[48] Vgl. Lunze, J.: Regelungstechnik 1, 2010, S. 2

[49] Vgl. Stüttgen, M.: Strategien der Komplexitätsbewältigung in Unternehmen, 2003, S. 214

[50] Vgl. Schönsleben, P.: Integrales Logistikmanagement, 2011, S. 909; Westkämper, E.: Wandlungsfähige Organisation und Fertigung in dynamischen Umfeldern, 2009, S. 26; Scholz-Reiter, B.; Freitag, M., et al.: Methoden der nichtlinearen Dynamik zur Analyse und Steuerung von Produktionssystemen, 2002, 33-36; Mertins, K.; Jochem, R.: Qualitätsorientierte Gestaltung von Geschäftsprozessen, 1997, S. 3

[51] Vgl. Dyckhoff, H.: Produktionstheorie, 2006, S. 5

[52] Vgl. a. a. O., S. 3

[53] Vgl. ebenda

[54] Vgl. Hans Blohm; Thomas Beer, et al.: Produktionswirtschaft, 1997, S. 23 ff.

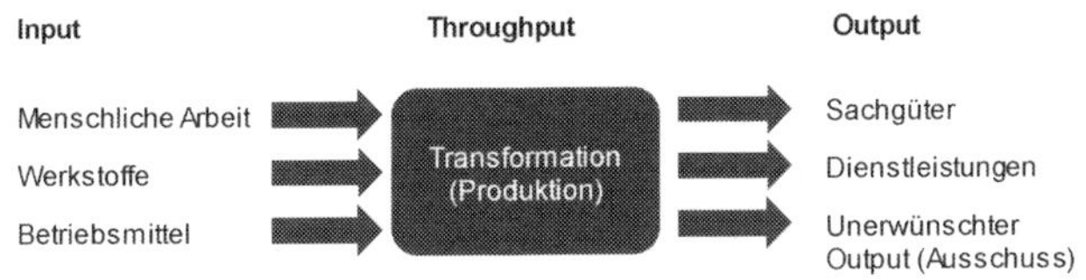

Abbildung 2-7: Schematische Darstellung des Produktionsprozesses[55] [56]

In der vorliegenden Forschungsarbeit wird die Herstellung von Sachgütern durch industrielle Unternehmen fokussiert. Bei diesen findet in einem Produktionsprozess die Bearbeitung, Verarbeitung und Umwandlung von Werkstoffen durch Betriebsmittel und menschliche Arbeit statt.[57] Diese Sachgüter werden in der vorliegenden Arbeit als Produkte bezeichnet. Die Lenkung des Einsatzes der Produktionsfaktoren sowie die Steuerung und Überwachung des Prozesses zur Erreichung der Produktionsziele erfolgt dabei durch die Produktionsplanung und -steuerung.[58] [59] [60]

2.7 Produktionsfaktoren

Allgemein umfassen die Produktionsfaktoren alle Elemente, die zur Herstellung eines Produktes notwendig sind, sowohl materielle als auch immaterielle. Zur Einteilung dieser Faktoren in unterschiedliche Kategorien hat GUTENBERG diese in einem Produktionsfaktorsystem zusammengefasst.[61] Unterschieden werden hier die drei Kategorien menschliche Arbeit, Betriebsmittel und Werkstoffe.

Tabelle 2-2: Produktionsfaktorsystem nach GUTENBERG[62]

<table>
<tr><th colspan="5">Menschliche Arbeit</th><th colspan="2">Betriebsmittel</th><th>Werkstoffe</th></tr>
<tr><td>Geschäftsführung</td><td>Planung</td><td>Organisation</td><td>Kontrolle</td><td>Objektbezogene Arbeit</td><td>Maschinen, Werkzeuge, Gebäude, etc.</td><td>Betriebsstoffe</td><td>Rohmaterial, Bauteile, Hilfsstoffe etc.</td></tr>
<tr><td colspan="4">Dispositive Faktoren</td><td colspan="4" rowspan="2">Elementarfaktoren</td></tr>
<tr><td>Originärer Faktor</td><td colspan="3">Derivative Faktoren</td></tr>
<tr><td colspan="6">Potentialfaktoren</td><td colspan="2">Verbrauchsfaktoren</td></tr>
</table>

---

[55] Vgl. Hans Blohm; Thomas Beer, et al.: Produktionswirtschaft, 1997, S. 23
[56] Vgl. Dyckhoff, H.: Produktionstheorie, 2006, S. 3
[57] Vgl. Hans Blohm; Thomas Beer, et al.: Produktionswirtschaft, 1997, S. 24
[58] Vgl. a. a. O., S. 23
[59] Vgl. Zäpfel, G.: Taktisches Produktions-Management, 2000b, S. 1
[60] Vgl. Fandel, G.: Produktion I, 1996, S. 1 ff.
[61] Vgl. Ellinger, T.; Haupt, R.: Produktions- und Kostentheorie, 1996, S. 8
[62] Vgl. ebenda

Im Fokus dieser Forschungsarbeit steht gemäß der Forschungsfrage insbesondere die objektbezogene Arbeit bei der manuellen Montage eines Produktes (optisch hervorgehoben in Tabelle 2-2). Die objektbezogene Arbeit zählt zu den Elementarfaktoren, welche als Produktionsfaktoren bezeichnet werden, die direkt mit dem Produkt interagieren. Die übrigen Arten der menschlichen Arbeit, wie Organisation, Kontrolle, Planung und Geschäftsführung, werden als dispositive Faktoren bezeichnet. Die dispositiven Faktoren befassen sich mit den managementgetriebenen Aufgaben. Eine dieser Managementaufgaben, die Geschäftsführung, nimmt dabei die besondere Stellung als originärer Faktor ein. Hier liegt die Entscheidungsgewalt, so dass die übrigen dispositiven Faktoren, z.B. durch Zielvorgaben, hiervon abgeleitet werden (derivative Faktoren). Diese Unterscheidung ist in der Praxis jedoch teilweise nicht trennscharf[63] und für diese Arbeit nicht von zentraler Bedeutung. Bei allen Arten der menschlichen Arbeit handelt es sich um Potentialfaktoren, die sich durch den Umstand auszeichnen, dass sie dem Unternehmen nach einmaligem Einsatz zur Produktion von Güter weiterhin für eine erneute Anwendung zur Verfügung stehen.

Bei den Betriebsmitteln handelt es sich in jedem Fall um Elementarfaktoren, das bedeutet, sie interagieren direkt mit dem Produkt. Die Systematik nach GUTENBERG unterscheidet sie jedoch bezüglich der „Verbrauchbarkeit“. So existieren zum einen die Betriebsmittel als Potentialfaktoren, die beim Einsatz zur Produktion nicht verbraucht werden, und zum anderen die Betriebsstoffe, die kontinuierlich aufgebraucht werden. Nicht verbrauchbare Betriebsmittel sind beispielsweise Maschinen, Anlagen, Werkzeuge oder auch die notwendigen Gebäude. Unter Betriebsmitteln mit dem Charakter eines Verbrauchsfaktors sind unter anderem Kühlmittel, Öle oder Kraftstoffe zu verstehen. Die Verbrauchsfaktoren sind ständig neu zu beschaffen und werden auch als Repetierfaktoren bezeichnet.[64]

Die dritte Kategorie der Produktionsfaktoren sind die Werkstoffe. Hierbei handelt es sich um Verbrauchsfaktoren, die direkt mit dem entstehenden Produkt zusammenhängen (Elementarfaktoren). Es kann sich hierbei um Rohmaterialen, wie Bleche oder Schüttgut, oder auch beschaffte Fertigbauteile, wie Kabelbäume oder digitale Steuereinheiten, handeln. Im Forschungsprozess dieser Arbeit werden insbesondere Einzelbauteile, die zu einem Fertigprodukt zusammenmontiert werden, betrachtet; dieses Produkt wird hier als Produktionsfaktor Werkstück bezeichnet.[65]

---

[63] Vgl. Wöhe, G.; Döring, U.: Einführung in die allgemeine Betriebswirtschaftslehre, 2000, S. 103

[64] Vgl. Edmund Heinen: Betriebswirtschaftliche Kostenlehre, 1983, S. 247

[65] Vgl. Bloech, J.; Bogaschewsky, R., et al.: Einführung in die Produktion, 2001, S. 8

2.8 Produktionsplanungsarten

Um aus den Produktionsfaktoren ein Produkt zu erzeugen, bedarf es einer entsprechenden Planung des Produktionsprozesses. Allgemein können hier die drei Planungsarten Produktionsprogramm-, Bereitstellungs- und Durchführungsplanung unterschieden werden.[66]

2.8.1 Produktionsprogrammplanung

Im Produktionsplanungsprogramm wird festgelegt, welches Produkt in welcher Menge über welchen Zeitraum zu produzieren ist.[67] Die Produktionsprogrammplanung umfasst auch die Analyse der relevanten Absatzmärkte, um Produktart und Produktionsmenge an den erwarteten Absatz anzupassen. In dieser Analyse sind zum Beispiel die Konkurrenzsituation oder die gesetzlichen Regelungen von Bedeutung.[68]

Die Produktionsprogrammplanung lässt sich auf drei Ebenen durchführen: strategisch, taktisch und operativ.[69] Diese Ebenen können anhand der Produktionsplanungsmerkmale unterschieden werden, so ist beispielsweise der Bezugszeitraum in der strategischen Planung langfristig und in der operativen Planung kurzfristig. Allgemein zeigt sich die operative Produktionsprogrammplanung spezifischer und detaillierter als die strategische. Eine vollständige Übersicht ist in Tabelle 2-3 zu finden.

Tabelle 2-3: Unterscheidung der Produktionsplanungsebenen[70]

Merkmale der Produktionsplanung	Strategisch	Taktisch	Operativ
Differenziertheitsgrad	Wenig Differenziert	⟷	Stark Differenziert
Detailliertheitsgrad	Globale Größen	⟷	Detaillierte Größen
Präzision	Grobe Informationen	⟷	Exakte Informationen
Bezugszeitraum	Langfristig	⟷	Kurzfristig
Problemstrukturierung	Gering	⟷	Hoch

[66] Vgl. a. a. O., S. 2
[67] Vgl. Kern, W.: Handwörterbuch der Produktionswirtschaft, 1979, S. 1566
[68] Vgl. Kern, W.: Handwörterbuch der Produktionswirtschaft, 1979, S. 1571
[69] Vgl. Herbert Jacob: Produktions- und Absatzprogrammplanung, 1996, S. 1468 ff.
[70] Vgl. Pfohl, H.-C.; Stölze, H.-C.: Planung und Kontrolle, 1997, S. 87

Strategische Produktionsplanung

Das Ziel der strategischen Planung besteht darin, den Unternehmenserfolg langfristig sicherzustellen, indem Erfolgspotentiale aufgebaut und gehalten werden.[71] [72] In der Umsetzung bedeutet dies, dass erfolgsversprechende Produktfelder definiert werden müssen. Produktfelder umfassen dabei alle Produktgruppen, die sich auf ein Grundprodukt zurückführen lassen.[73] In der strategischen Produktionsplanung ist insbesondere die Wahl der richtigen Wettbewerbsstrategie erfolgsentscheidend.[74] Außerdem umfasst sie eine Vielzahl weiterer Aufgaben und Methoden, wie beispielsweise die Gewinnvorschaurechnung[75].

Taktische Produktionsprogrammplanung

Das Ziel der taktischen Produktplanung ist es, festzulegen welche Produkte neu eingeführt werden, welche Produkte angepasst werden müssen und welche Produkte nicht weiter produziert werden.[76]Die Zeitpunkte und Mengen werden dazu bereits grob vorgeplant.[77] Weiterhin werden „make-or-buy" Entscheidungen getroffen, um Anlagen möglichst kosteneffizient betreiben zu können. Entscheidungsgrundlage sind hier beispielsweise die Ähnlichkeiten zwischen verschiedenen Produkten bezüglich Fertigungsablauf und Material.[78] [79] In der taktischen Produktplanung werden diverse Methoden zur Optimierung der Wirtschaftlichkeit eines Produktes eingesetzt (z.B. Lebenszykluskonzepte, Target Costing, Optimierungsmodelle, Wertanalyse, etc.)[80] Allgemein ist die taktische Produktionsprogrammplanung notwendig, um festzulegen welche Produkte in welchen Zeiträumen in einem Unternehmen gefertigt werden können. Endgültige Fertigungszeitpunkte und Mengen werden dabei noch nicht festgelegt.

Operative Produktionspragrammplanung

Die operative Produktionsprogrammplanung definiert die konkreten Zeitpunkte und Mengen mit denen ein Produkt gefertigt wird. Die besondere Herausforderung ist hierbei, die Produktionsmenge an die absetzbare Menge anzupassen.[81] [82] Das Ziel ist es, die Gesamtkosten aus Lager- und Produktionskosten zu minimieren.[83] Als Folge der strategischen und taktischen

---

[71] Vgl. Welge, M. K.; Al-Laham, A., et al.: Strategisches Management, 2017, S. 199 ff.
[72] Vgl. Götze, U.; Mikus, B.: Strategisches Management, 1999, S. 13 ff.
[73] Vgl. Jacob, H.: Industriebetriebslehre, 1990, S. 409 ff.
[74] Vgl. Porter, M. E.: Competitive strategy, 1998, S. 34 ff.
[75] Vgl. Jacob, H.: Industriebetriebslehre, 1990, S. 409 ff.
[76] Vgl. Zäpfel, G.: Taktisches Produktions-Management, 2000a, S. 75
[77] Vgl. Sabel, H.: Programmplanung, kurzfristige, 1979, S. 1686 ff.
[78] Vgl. Zäpfel, G.: Taktisches Produktions-Management, 2000a, S. 76 f.
[79] Vgl. Zäpfel, G.: Programmplanung, mittelfristige, 1979, S. 1700 ff.
[80] Vgl. Jacob, H.: Industriebetriebslehre, 1990, S. 448 ff.
[81] Vgl. Kern, W.: Industrielle Produktionswirtschaft, op. 1992, S. 139 ff.
[82] Vgl. Kilger, W.: Optimale Produktions- und Absatzplanung, 1973, S. 15 ff.
[83] Vgl. Kern, W.: Industrielle Produktionswirtschaft, op. 1992, S. 139 ff.

Produktionsprogrammplanung müssen in der operativen Planung verschiedenen Produktionsstrukturen unterschieden werden. Diese unterscheiden sich aufgrund der Komplexität und Stückzahl der Produkte voneinander. Eine Übersicht der existierenden Produktionsstrukturen ist dazu in Abbildung 2-8 dargestellt.

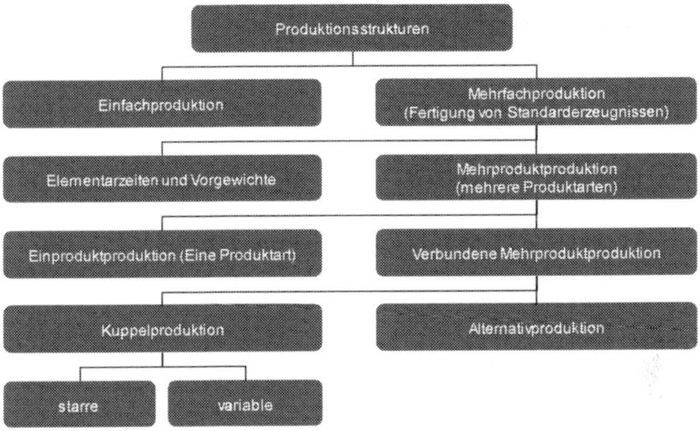

Abbildung 2-8: Produktionsstrukturen in Anlehnung an SABEL[84]

Zur Beantwortung der Forschungsfrage soll die operative Montagetätigkeit des Mitarbeiters im Fokus stehen. Abhängigkeiten zwischen Produktionsprogrammplanung und Veränderungen am Markt bleiben daher unberücksichtigt. Relevant hinsichtlich eines Simulationsmodells ist insbesondere die Produktionsmenge innerhalb eines definierten Zeitraums, da die produzierte Menge an konformen Produkten eine zentrale Rolle zur Beantwortung der Forschungsfrage einnimmt. Damit knüpft diese Forschungsarbeit insbesondere an die operative Produktionsplanung an. Vereinfacht wird davon ausgegangen, dass die operative Produktionsplanung dem Simulationsmodell lediglich die zu produzierende Anzahl eines Produktes pro Tag zur Verfügung stellt. Hinsichtlich der in der Forschungsarbeit betrachteten Produktionsstrukturen wird eine Einschränkung auf die Mehrfachproduktion zur Fertigung von Standarderzeugnissen vorgenommen, da bei der Betrachtung von nur einer Produktart Einflüsse, die aus Produktunterschieden resultieren zu vernachlässigen sind und die betrachteten Produktionsprozesse reproduzierbar sind.

2.8.2 Bereitstellungsplanung

Ziel der Bereitstellungsplanung ist die Versorgung der Fertigung mit den notwendigen Produktionsfaktoren zur richtigen Zeit, mit der richtigen Qualität und das bei minimalen Kosten. Bei den Produktionsfaktoren handelt es sich um Werkstoffe, Betriebsmittel und die menschliche

[84] Vgl. Sabel, H.: Programmplanung, kurzfristige, 1979, S. 1686 ff.

Arbeit.[85] Im Zusammenhang mit dem Faktor „menschliche Arbeit" muss unter anderem der Personalbedarf und der Personaleinsatz ermittelt werden, sowie das Personal eingestellt und weiterqualifiziert werden.[86] Unter die Betriebsmittel fallen neben den Grundstücken und Gebäuden auch die zur Produktion notwendigen Maschinen und Anlagen. Entscheidungen über die Anschaffung solcher Betriebsmittel fallen in das Gebiet der Investitionsrechnung und werden an dieser Stellen nicht weiter behandelt.[87] [88] Das Bereitstellen der benötigten Werkstoffe gehört zum Aufgabenbereich der Materialwirtschaft und umfasst Halbzeuge, Rohstoffe und Hilfsstoffe, die für die Fertigung notwendig sind. Diese Forschungsarbeit fokussiert die manuelle Montage. In diesem Fall sind die bereitzustellenden Werkstoffe insbesondere Bauteile und Baugruppen, die zu einem Fertigprodukt montiert werden. Um diese Werkstoffe physisch an den Montagearbeitsplatz zu bringen ist eine funktionsfähige interne Logistik notwindig. Diese Forschungsarbeit behandelt insbesondere das zur Montage eingesetzte Personal und wird daher den Personalbedarf und Personaleinsatz im Zuge der Bereitstellungsplanung miteinbezogen.

2.8.3 Durchführungsplanung

Die Ausgestaltung der innerbetrieblichen Durchführungsplanung wird durch den notwendigen Produktionsprozess maßgeblich bestimmt. Zur spezifischen Planung des Produktionsablaufs muss eine Vielzahl von Aufgaben durchgeführt werden. Dazu zählt, die Standorte der Produktionsanlagen festzulegen, die Verteilung des Personals vorzunehmen, die Terminierung der Aufträge durchzuführen sowie die Prozessschritte und Transportvorgänge festzulegen.[89] Die tatsächliche Ausgestaltung dieser Aufgaben hängt dabei ganz besonders von den charakteristischen Merkmalen des Produktionstypen ab. Diese Merkmale können anhand einer Morphologie festgelegt und als Grundlage zur Definition der Aufgaben in der Durchführungsplanung eingesetzt werden.[90] Nach diesem Schema werden die spezifischen Eigenschaften des Produkts selbst, des Produktionsprogramms und der Struktur der Produktion definiert.

Um die Aufgaben in der Durchführungsplanung spezifischer darstellen zu können, soll die Morphologie aus Tabelle 2-4 an dieser Stelle zunächst zur Abgrenzung des Betrachtungsbereichs in dieser Arbeit eingesetzt werden. Betrachtet werden in dieser Forschungsarbeit materielle Stückgüter, die letztlich einteilige Gestalt annehmen, standarisiert und mobil sind. Bei dem Produktionsprogramm wird vereinfacht eine Serienproduktion einer Produktart angenommen, die kundenunabhängig produziert wird. Die Produktion dieser Güter erfolgt dabei in einer Fließfertigung mit mehreren Prozessschritten. Die manuelle Montage von Bauteilen zu

---

[85] Vgl. Hans Blohm; Thomas Beer, et al.: Produktionswirtschaft, 1997, S. 24
[86] Vgl. Kern, W.: Industrielle Produktionswirtschaft, op. 1992, S. 164 ff.
[87] Vgl. Kruschwitz, L.: Investitionsrechnung, op. 2005
[88] Vgl. Götze, U.: Investitionsrechnung, 2015
[89] Vgl. Bloech, J.; Lücke, W.: Produktionswirtschaft, 1982, S. 38 ff.
[90] Vgl. Kern, W.: Handwörterbuch der Produktionswirtschaft, 1979, S. 1644

einem Fertigprodukt ist dabei sehr arbeits- und materialintensiv. Weitere Abgrenzungen des Betrachtungsbereichs hinsichtlich der Produktion können Tabelle 2-4 entnommen werden. Die hervorgehobenen Bereiche zeigen den Betrachtungsbereich der vorliegenden Arbeit auf. Anhand dieser Merkmale können in Abschnitt 5.1.5 geeignete Elemente in das Teilmodell zur Abbildung einer Produktion aufgenommen werden.

Tabelle 2-4; Morphologie zur Charakterisierung verschiedener Produktionstypen in Anlehnung an KERN[91]

Merkmale		Wichtige Ausprägungen				
Produkteigenschaften	Güterart	Materielle Produktion	Immaterielle Produktion			
	Gestalt der Güter	Ungeformte Fließgüter	Geformte Fließgüter	Stückgüter		
	Zusammensetzung der Güter	Einteilige Güter	Mehrteilige Güter			
	Beweglichkeit der Güter	Mobilien	Immobilien			
	Spezifizierungsgrad des Produkts	Kundenindividuell gestaltete Produkte	Standardisierte Produkte			
Produktprogrammeigenschaften	Anzahl der Produktarten	Eine Produktart	Mehrere Produktarten			
	Leistungstyp der Produktion	Massenproduktion	Sortenproduktion	Serienproduktion	Einzelproduktion	Chargenproduktion
	Beziehung der Produktion zum Arbeitsmarkt	Marktproduktion	Auftragsproduktion			
Struktur der Produktion	Organisationstyp der Produktion	Fließfertigung	Gruppenfertigung	Werkstattfertigung	Baustellenfertigung	
	Leistungstyp der Produktion	Chemische verfahren	Biologische verfahren	Physikalische Verfahren	Geistig schöpfende Arbeit	
	Mechanisierungsgrad der Produktion	Nichtmechanisierte Produktion	Teilmechanisierte Produktion	Vollmechanisierte Produktion		
	Automatisierungsgrad	Nichtautomatisierte Produktion	Teilautomatisierte Produktion	Vollautomatisierte Produktion		
	Kontinuität des Materialflusses	Kontinuierliche Produktion	Diskontinuierliche Produktion			
	Ortsbindung der Produktion	Örtlich ungebundene Produktion	Örtlich gebundene Produktion			
	Zahl der Arbeitsvorgänge	Einstufige Produktion	Mehrstufige Produktion			
	Variierbarkeit der Bearbeitungsfolge	Vorgegebene Bearbeitungsreihenfolge	Variierbare Bearbeitungsreihenfolge			
	Struktur der Fertigungseinrichtungen	Einzweckanlagen	Mehrzweckanlagen			
	Anteile der Einsatzgüterarten	Materialintensive Produktion	Anlagenintensive Produktion	Arbeitsintensive Produktion	Informationsintensive Produktion	
	Konstanz der Werkstoffqualität	Werkstoffbedingt wiederholbare Produktion	Werkstoffbedingt nicht wiederholbare Produktion			

[91] Vgl. Kern, W.: Handwörterbuch der Produktionswirtschaft, 1979, S. 1644

3 Gestaltung und Modellbildung von qualitätsgeregelten Prozessen

Die Lösungshypothese dieser Forschungsarbeit sieht vor, dass ein Simulationsmodell, welches die Wechselwirkungen zwischen Produktions- und Fehlerabstellprozess berücksichtigt, für die Optimierung der Fehlerabstellung genutzt werden kann. Daher wird in Kapitel 3.1 zunächst allgemein auf die Beschreibung solcher Wechselwirkungen durch Qualitätsregelkreise eingegangen. Zur Spezifizierung der Lösungshypothese werden in Kapitel 3.2 nachfolgend Anforderungen der Lösungshypothese an einen solchen Modellansatz definiert, um diese in Kapitel 3.3 mit existierenden Modellen abzugleichen.

3.1 Beschreibung von Wechselwirkung durch Qualitätsregelkreise

Eine Methode zur Beschreibung der Wechselwirkungen sind die sogenannten Qualitätsregelkreise. Diese lassen sich anhand des Aachener Qualitätsmanagement Modell (Abschnitt 2.7) herleiten. Durch die Verknüpfung der „Quality Forward Chains" (QFCs) und der „Quality Backward Chain" (QBC) entstehen sogenannte Qualitätsregelkreise.[92] Das Grundkonzept, auf dem Regelkreise basieren, ist das Prinzip der Rückkopplung[93] [94]. Dabei wird ein aktueller Wert aus dem Systemverhalten verwendet, um Anpassungen durchzuführen, die dann wieder zu einer Veränderung des gemessenen Systemwertes führen. So soll der betrachtete Systemwert auf einem definierten Niveau gehalten werden.[95] Dargestellt ist das Prinzip der Rückkopplung in Abbildung 3-1. Die Pfeile bilden gemeinsam, mit den zwischen Anfangs- und Endpunkt liegenden Systemprozessen, die Rückkopplungsschleifen. Erst durch solche Schleifen wird ein System in die Lage versetzt, sich an einen Zielwert anzupassen.

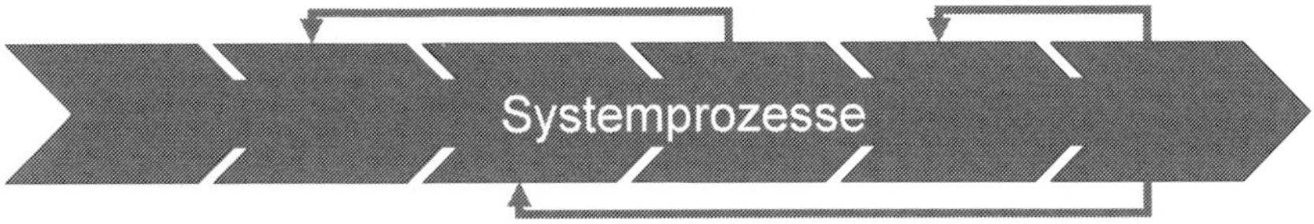

Abbildung 3-1: Das Prinzip der Rückkopplung in Anlehnung an BENGER[96]

Diese Regelkreise können im Qualitätsmanagement in drei wesentliche Elemente unterteilt werden: Qualitätssensor, Qualitätsregler und Qualitätsaktor.[97] Die Aufgabe des Qualitätssensors besteht zum einen darin, die Systemgrößen zu überwachen, und zum anderen in der

---

[92] Vgl. Schmitt, R.; Pfeifer, T.: Qualitätsmanagement, 2015, S. 403 ff.

[93] Vgl. Benger, A.: Gestaltung von Wertschöpfungsnetzwerken, 2007, 86 ff.

[94] Vgl. Lunze, J.: Regelungstechnik 1, 2004, S. 5

[95] Vgl. Oetzmann, A.: Einsatz wissensbasierter Systeme im Qualitätsmanagement von Produktionsverbünden, 9 ff.

[96] Vgl. Benger, A.: Gestaltung von Wertschöpfungsnetzwerken, 2007, S. 86

[97] Vgl. Schmitt, R.; Pfeifer, T.: Qualitätsmanagement, 2015, S. 407

Ermittlung einer signifikanten Abweichung der Systemgröße vom Soll-Zustand. In der Praxis könnte der Qualitäts-Sensor durch einen Mitarbeiter ausgestaltet sein, der die Endkontrolle eines Produktes vornimmt. Stellt er eine Nicht-Konformität fest, leitet er diese Information an den Qualitätsregler weiter. Das ist in diesem Beispiel der Linienverantwortliche. Er muss entscheiden, welche Maßnahmen durchgeführt werden müssen, um der Nicht-Konformität entgegenzuwirken. Nachdem geeignete Maßnahmen definiert wurden, muss ein geeigneter Qualitätsaktor gefunden werden, der die Anpassungen umsetzt. So eine Anpassung könnte beispielsweise vorgenommen werden, indem ein Mitarbeiter der Instandhaltung ein Verschleißteil an der Anlage austauscht. Die durch diese Anpassungsmaßnahme erzielte Systemveränderung kann wiederum durch den Qualitätssensor erfasst werden. So schließt sich, wie in Abbildung 3-2 dargestellt, der Qualitätsregelkreis. Das zu regelnde System bildet zusätzlich die sogenannte Regelstrecke. In der Abbildung 3-2 ist diese durch die Quality Forward Chains dargestellt.

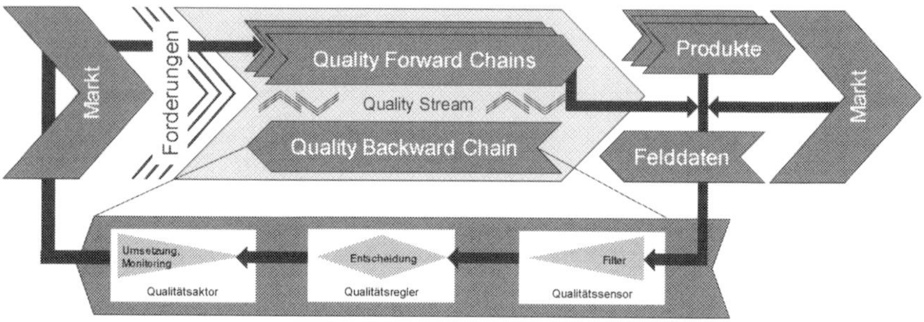

Abbildung 3-2: Elemente eines Qualitätsregelkreises[98]

In der Literatur finden sich weitere Beispiele für etablierte Regelkreise. So wird beispielsweise der PDCA-Cycle im Rahmen des kontinuierlichen Verbesserungsprozesses angewandt. Er besteht aus den vier Elementen „plan“, „do“, „check“ und „act“.[99] Diese Phasen werden in der genannten Reihenfolge ständig durchlaufen und bilden so einen geschlossenen Regelkreis. Eine in der Act-Phase abgeschlossene Aktivität bildet daher die Basis für weitere Verbesserungsprojekte, die mit einer neuen Plan-Phase gestartet werden. Somit erarbeitet die Systematik anstehende Veränderungen, immer ausgehend von dem aktuellen Ist-Zustand.[100]

Die Qualitätsregelkreise bilden folglich einen Modellansatz, in dem Wechselwirkungen zwischen mehreren Prozessen (hier QFC und QBC) stattfinden können.

[98] Vgl. Schmitt, R.; Pfeifer, T.: Qualitätsmanagement, 2015, S. 407
[99] Vgl. a. a. O., S. 29
[100] Vgl. Stankard, M. F.: Management systems and organizational performance, 2002, S. 67

3.2 Anforderungen der Lösungshypothese an den Modellansatz

Zur Bewertung und Analyse bereits existierender Modellierungssätze werden zunächst aus der Lösungshypothese der Forschungsarbeit resultierende Anforderungen definiert.

Berücksichtigung von Prozesswechselwirkungen

Wie in Kapitel 1.2 beschrieben, ist die Berücksichtigung von Wechselwirkungen zwischen Produktions- und Qualitätsprozess in einem integrierten Modell ein wesentlicher Bestandteil der Lösungshypothese in dieser Forschungsarbeit, daher ist gerade diese Anforderung von essenzieller Bedeutung. Eine hohe Eignung für diese Forschungsarbeit wird Modellen zugemessen, die eine weitreichende Verknüpfung zwischen einem abgebildeten Qualitäts- und einem abgebildeten Produktionsprozess aufweisen.

Abbildung eines Regelkreises

Kapitel 3.1 beschreibt die Funktionsweise eines Qualitätsregelkreises. Da sich der Fehlerabstellprozess in dieser Arbeit als Prozess zur Qualitätsregelung der Produktion definieren lässt, sind Modelle, die eine solche Regelung bereits aufweisen, besonders für die Verwendung in dieser Forschungsarbeit geeignet. Diese Anforderung stellt eine Erweiterung zur reinen Verknüpfung von zwei Prozessen (siehe Anforderung 1) dar.

Detaillierungsgrad eines regelnden Qualitätsprozesses

Die möglichst detaillierte Abbildung eines Prozesses zur Qualitätsregelung ist eine zentrale Forderung an das zu erstellende Modell. Insbesondere ein Prozess zur Fehlerabstellung im Sinne von Kapitel 2.4 muss von dem finalen Simulationsmodell umfasst werden, daher wird ein betrachteter Modellansatz mit einer hohen Anforderungserfüllung bewertet, wenn ein solcher Prozess möglichst detailliert abgebildet wird.

Detaillierungsgrad des Produktionsprozesses

Neben der Abbildung des Qualitätsprozesses sollte auch der entsprechende Produktionsprozess detailliert abgebildet werden können. Nur durch ein detailliertes Modell können individuelle Gegebenheiten einer Produktionslinie in einem Unternehmen nachempfunden werden, somit steigt der Erfüllungsgrad dieser Anforderung eines Modells mit zunehmender Detailtiefe des Produktionsprozesses.

3.3 Analyse von Wechselwirkungen zwischen Produktions- und Qualitätsprozessen

Zur Analyse der Auswirkungen von Wechselwirkungen zwischen zwei oder mehreren Prozessen geht die Literatur über die rein statische Beschreibung von Basiselementen und Aufgaben hinaus. Vielmehr verwenden die Autoren hier dynamische Modelle, die mit Hilfe verschiedener

Methoden als Simulationsmodell programmiert werden können. Weit verbreitet ist hier die Methode System Dynamics nach FORRESTER[101]. Im Folgenden werden existierende Ansätze beschrieben und hinsichtlich ihrer Berücksichtigung von Prozesswechselwirkungen, Regelkreisen, dem Themenkomplex „reaktives Fehlermanagement“ und ihres Methodeneinsatzes verglichen.

3.3.1 VLACHOS

VLACHOS ET AL. befassen sich mit Wechselwirkungen zwischen vorwärts und rückwärts laufenden Lieferketten. Ziel ist dabei die Maximierung des Profits der gesamten Lieferkette. Dazu wurde ein Modell zur Kapazitätsplanung unter Berücksichtigung von neu produzierten Einheiten und Rückläufern aus dem Feld entwickelt. Die Rückläufer aus dem Feld werden wiederaufgearbeitet und erneut in den Markt gebracht. Relevant ist das beispielsweise für Ersatzteile im Automobilbereich. Hier werden Getriebe, Antriebswellen, Achsen, Anlasser etc. aufgearbeitet und ohne Qualitätsverlust erneut eingesetzt. Modelliert wurde das Gesamtmodell mit System Dynamics. In Abbildung 3-3 ist der zugrundeliegende Qualitätsregelkreis dargestellt.

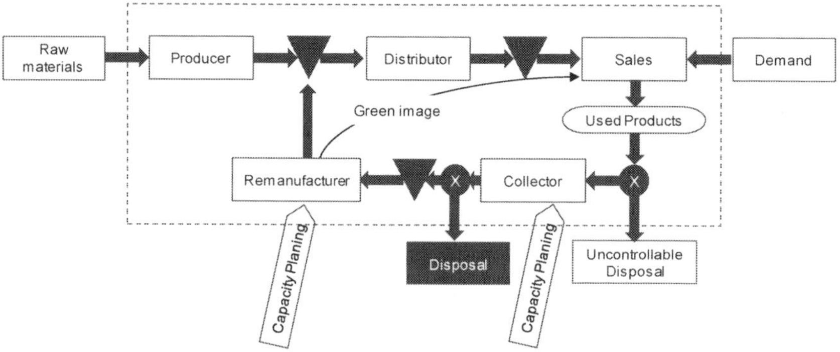

Abbildung 3-3: Qualitätsregelkreis nach VLACHOS ET AL.[102]

Das Modell verfolgt somit einen dynamischen Ansatz zur Berücksichtigung der Wechselwirkungen. VLACHOS ET AL. verdeutlichen dabei, dass eine separate Optimierung der einzelnen Prozesse nicht zielführend sein kann, sondern eine Zielerreichung (Maximierung des Profits der gesamten Lieferkette) nur unter Berücksichtigung der Wechselwirkungen möglich ist.[103]

VLACHOS ET AL. zeigen zudem, dass die Wechselwirkung zwischen zwei Prozessen durch die Verwendung eines SD-Modells bei der Optimierung der Gesamtleistung berücksichtigt werden

---

[101] Vgl. Forrester, J. W.; Senge, P. M.: Tests for building confidence in system dynamics models, 1979

[102] Vgl. Vlachos, D.; Georgiadis, P., et al.: A system dynamics model for dynamic capacity planning of remanufacturing in closed-loop supply chains, 2007, S. 369

[103] Vgl. a. a. O., S. 367 ff.

kann. Sie beziehen dabei Parameter der Produktionsplanung und -steuerung mit ein; qualitätsgetriebene Prozesse bleiben allerdings weitgehend unberücksichtigt.

3.3.2 Repenning und Sterman

Repenning und Sterman untersuchen die Leistungsfähigkeit des Produktionsprozesses in Abhängigkeit von dem Aufwand für verschiedene Arten von Prozessverbesserungsansätzen. Sie entwickeln dazu ein Regelkreismodell, das sowohl physische als auch organisationale Aspekte von Prozessverbesserungen berücksichtigt. [104] [105] [106]

Ihre zu optimierende Zielgröße ist dabei die Nettoproduktionsrate bzw. deren Abweichung von der gewünschten Produktionsrate. Die Nettoproduktionsrate setzt sich dabei aus der Anzahl der produzierten Einheiten, der Menge der defekten Einheiten und der Menge der nachgearbeiteten Einheiten pro Zeiteinheit zusammen. Die Modellvariablen sind entsprechend dem System Dynamics[107] Ansatz (kurz: SD) durch Zustandsgrößen dargestellt. Weiterhin existieren im Modell zwei Bestandsgrößen: die Prozessprobleme und die Defekte im Produktionsprozess. Zustandsgrößen werden während einer Simulation nach jedem Zeitschritt neu berechnet, wohingegen Bestandsgrößen nur eine Zunahme oder Abnahme erfahren können.[108] Abbildung 3-4 zeigt den strukturellen Aufbau des Modells als Causal-Loop-Diagramm (CLD).

---

[104] Vgl. Repenning, N.; Sterman, J.: Getting Quality the Old-Fashioned Way, 1997

[105] Vgl. Repenning, N.; Sterman, J.: Nobody Ever Gets Credit for Fixing Problems that Never Happened, 2001

[106] Vgl. Repenning, N. P.; Sterman, J. D.: Capability Traps and Self-Confirming Attribution Errors in the Dynamics of Process Improvement, 2002

[107] Vgl. Forrester, J. W.; Senge, P. M.: Tests for building confidence in system dynamics models, 1979

[108] Vgl. Repenning, N. P.; Sterman, J. D.: Capability Traps and Self-Confirming Attribution Errors in the Dynamics of Process Improvement, 2002, S. 275 f.

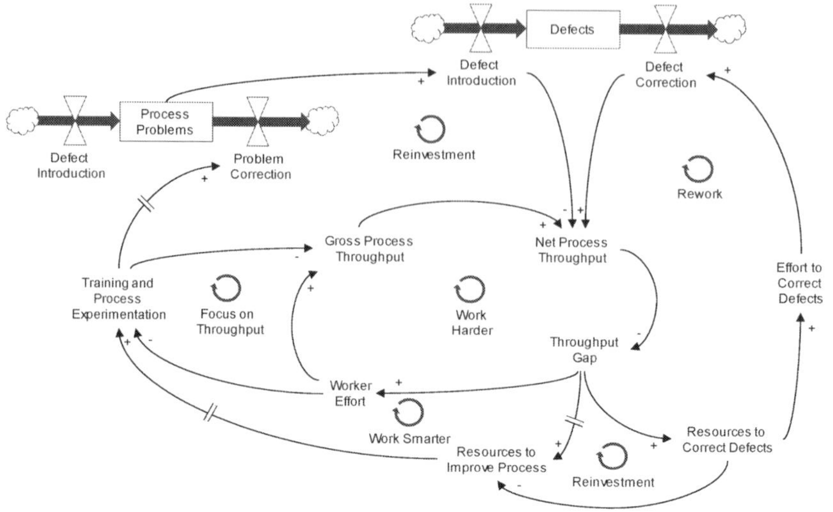

Abbildung 3-4: Prozessverbesserungen durch Regelkreise nach REPENNING und STERMAN[109]

REPENNING und STERMAN ermöglichen mit ihrem Modell eine intensive Untersuchung der Effekte von Qualitätsverbesserungsmaßnahmen auf die Leistungsfähigkeit der Produktion. Die Modellbildung im Bereich Produktion ist jedoch auf einem sehr abstrakten Level, eine Berücksichtigung von Parametern der Produktionsplanung und Steuerung ist nicht möglich.

3.3.3 VENKATESWARAN und SON

VENKATESWARAN und SON haben ein hybrides Modell zur Produktionsplanung bei der Existenz mehrerer Werke und mehrerer Produkte entwickelt. Sie verwenden dazu eine hierarchische Planungsarchitektur. Die Langzeitplanung wird dabei auf Unternehmensebene, d.h. zwischen den Werken, vorgenommen. An diesem Punkt werden in dem Modell System-Dynamic-Komponenten eingesetzt. Für die kurzfristige Planung auf Shopfloor-Ebene werden hingegen Discrete-Event-Simulation-Komponenten (DES-Komponenten) eingesetzt. Die Gesamtarchitektur besteht auf jeder Entscheidungsebene aus den drei Modulen Optimierer, Performancemessung und Simulation. Der Optimierer gibt ein optimales Set an Parametern vor. Das Simulationsmodell auf Unternehmensebene (SD) interagiert mit dem Simulationsmodell auf Shopfloor-Ebene und evaluiert in einer Simulation die Gesamtleistung bei dem vorgegebenen

[109] Vgl. Repenning, N.; Sterman, J.: Getting Quality the Old-Fashioned Way, 1997, S. 13

Parameter-Set. Beide Ebenen enthalten dabei Regelkreise zur Leistungsmessung und Parameteranpassung.[110]

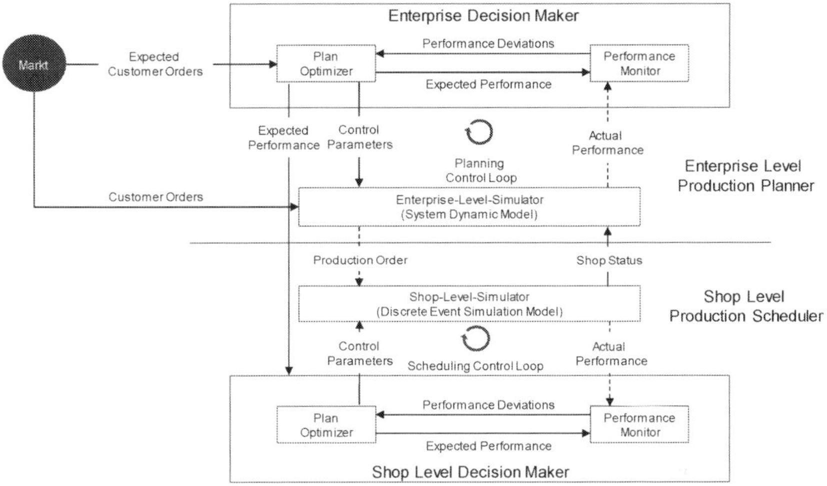

Abbildung 3-5: Schematische Darstellung des Hybriden SD/DES-Modells nach VENKATESWARAN und SON[111]

VENKATESWARAN und SON präsentieren ein sehr umfassendes Modell, das durch seine modulare und hierarchische Architektur die Optimierung der Modellparameter in verschiedenen Detaillierungsgraden ermöglicht. Parameter der Produktionsplanung und Steuerung werden umfassend berücksichtigt. Nicht in die Betrachtung aufgenommen wird der Einfluss von reaktiven Qualitätsprozessen auf die Zielgrößen der Produktion.

3.3.4 COLLEDANI und TOLLIO

Die Arbeit VON COLLEDANI und TOLLIO ist motiviert durch den Umstand, dass Qualitäts- und Produktionsprozesse in der Vergangenheit als separate Themenkomplexe betrachtet wurden, obwohl die Entscheidungen beim Design der Produktionslinie einen Einfluss auf die Produktqualität haben. Gleiches gilt für Entscheidungen hinsichtlich der Qualitätsprozesse, die maßgeblich die Produktivität beeinflussen. Zur Integration dieser Themenkomplexe verwenden die Autoren das Modell eines mehrstufigen Produktionsprozesses, bestehend aus drei Elementen. Es existieren Arbeitsstationen (M), Puffer (B) und Qualitätskontrollen (C). Auch die Kombination einer Arbeitsstation mit einer Qualitätskontrolle ist möglich. Abbildung 3-6 zeigt einen

---

[110] Vgl. Venkateswaran, J.; Son *, Y.-J.: Hybrid system dynamic—discrete event simulation-based architecture for hierarchical production planning, 2005

[111] Vgl. a. a. O., S. 4402

beispielhaften Produktionsprozess mit fünf Stationen. Die einzelnen Stationen können verschiedene Status annehmen, z.B. blockiert (nachgelagerter Puffer ist voll), unter Kontrolle oder außer Kontrolle. Insgesamt existieren neun verschiedenen Zustände. In welchem Zustand sich eine Station aktuell befindet, wird durch Markov-Ketten modelliert.[112] [113]

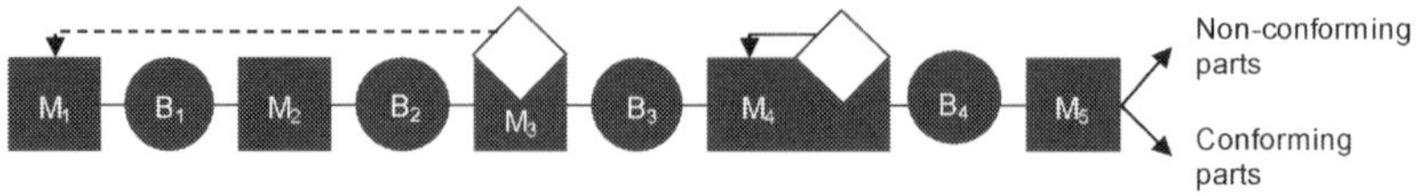

Abbildung 3-6: Mehrstufiger Produktionsprozess nach COLLEDANI und TOLLIO[114]

COLLEDANI und TOLLIO schaffen mit ihrem Modell einen Ansatz, der reaktive Qualitätsprozesse mit einer detaillierten Abbildung einer Produktionskette verbindet, und können so auftretende Wechselwirkungen berücksichtigen. Der Detaillierungsgrad der Qualitätsprozesse ist jedoch reduziert und beschränkt sich auf die Festlegung von Wartungs- und Prüfungsstrategien. Hinsichtlich des Produktionsablaufs sind im Wesentlichen die optimale Puffergröße und Anordnung der Prüfstationen im Fokus.

3.3.5 KIM und GERSHWIN

Ein vergleichbares Modell wurde von KIM und GERSHWIN entwickelt. Auch hier werden mehrstufige Produktionsprozesse durch die Verkettung von einzelnen Arbeitsstationen abgebildet. Diese Arbeitsstationen können ebenfalls unterschiedliche Status annehmen, in diesem Fall existieren allerdings nur drei verschiedene (und nicht neun, wie im Modell von COLLEDANI und TOLLIO). Eine Arbeitsstation hat im Modell nach KIM und GERSHWIN die Möglichkeit, den Status „produziert gute Teile“, „fehlerhafte Teile“ oder „gar keine Teile“ anzunehmen. Auch hier werden Markov-Ketten verwendet, um den Status einer Station zu bestimmen.[115]

Hinsichtlich der Relevanz des Modells zur Beantwortung der Forschungsfrage liegt eine ähnliche Bewertung wie im Ansatz 3.3.4 nahe. Demnach werden Wechselwirkungen zwischen Produktions- und Qualitätsprozessen berücksichtigt, wobei der Detaillierungsgrad insbesondere bezüglich der Qualitätsprozesse reduziert ist. Unterschiedliche Aufgaben und Einflüsse innerhalb der Fehlerbehandlung werden nicht berücksichtigt.

---

[112] Vgl. Colledani, M.; Tolio, T.: Impact of Quality Control on Production System Performance, 2006

[113] Vgl. Colledani, M.; Tolio, T.: Integrated quality, production logistics and maintenance analysis of multi-stage asynchronous manufacturing systems with degrading machines, 2012

[114] Vgl. Colledani, M.; Tolio, T.: Impact of Quality Control on Production System Performance, 2006

[115] Vgl. Kim, J.; Gershwin, S. B.: Integrated quality and quantity modeling of a production line, 2006

3.3.6 GLÖCKNER ET AL.

Ein Modell, das die produktionsnahe Fehlerabstellung umfassend berücksichtigt, wurde von GLÖCKNER ET AL. entwickelt. Dazu definierten diese ein Zielsystem, das sowohl die Zieleerreichung in der Produktion als auch die Zielerreichung im produktionsnahen Fehlermanagement messen kann. So wird eine Optimierung des Fehlermanagement im Hinblick auf die Gesamtziele des Unternehmensbereichs ermöglicht.[116]

Das Gesamtsystem besteht dabei aus fünf Teilsystemen, die mehrere Regelkreise zur Ermittlung der Produktionsleistung bilden. Eine Übersicht der Beziehungen zwischen den Teilsystemen und den existierenden Regelkreisen zeigt Abbildung 3-7. Auch GLÖCKNER ET AL. setzen die Modellierungsmethode System Dynamics ein. Jedes Teilmodell ist mathematisch als Stock-and-Flow Diagramm beschrieben und entsprechend der Beziehungen aus Abbildung 3-7 miteinander verknüpft.[117] [118]

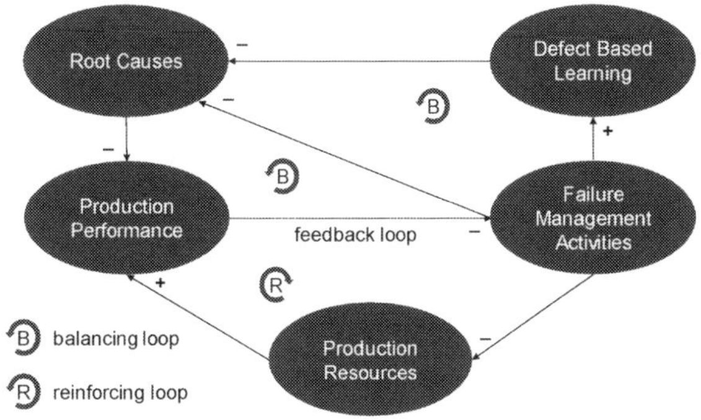

Abbildung 3-7: Beziehungen zwischen den organisationalen Teilsystemen nach TÜRTMANN und GLÖCKNER ET AL.[119]

Das Forschungsergebnis von GLÖCKNER ET AL. ist ein simulationsfähiges System-Dynamics-Modell, das die Ableitung von optimalen Fehlermanagementstrategien zur Maximierung der Gesamtzielerreichung der Produktion umfasst. Dementsprechend detailliert ist der operative Ablauf des Fehlermanagementprozesses modelliert. Die Darstellung der Produktion befindet

[116] Vgl. Glöckner, H.; Schmitt, R.: Analyzing the Feedback Structure of Failure Management in Manufacturing Systems, 2014

[117] Vgl. Tuertmann, R.; Glöckner, H., et al.: Conceptual modelling of the failure management process in the production industry, 2017

[118] Vgl. Glöckner, H.; Schmitt, R.: Analyzing the Feedback Structure of Failure Management in Manufacturing Systems, 2014

[119] Vgl. Tuertmann, R.; Glöckner, H., et al.: Conceptual modelling of the failure management process in the production industry, 2017

sich dabei auf einem abstrakten Niveau – vergleichbar mit dem Ansatz nach REPENNING und STERMAN.

3.3.7 Fazit zu Ansätzen mit Berücksichtigung der Wechselwirkungen zwischen Qualitäts- und Produktionsprozessen

Eine Übersicht zu dem Umfang und den Inhalten der betrachteten Forschungsansätze ist in Tabelle 3-1 zu finden. Bei der Betrachtung von vorhandenen Lösungsansätzen wird deutlich, dass alle Autoren ähnliche Vorgehensweisen und Methoden wählen. So enthalten durchweg alle Modelle in unterschiedlichem Umfang Regelkreise zur Quantifizierung der Einflüsse von Wechselwirkungen zwischen separaten Prozessen. Als vorherrschende Modellierungsmethode wird von den Autoren System Dynamics gewählt. Unterschiede sind insbesondere durch einen abweichenden Detaillierungsgrad und die fokussierten Parameter der Produktionsplanung und -steuerung bedingt. Das Modell nach COLLEDANI UND TOLIO scheidet als Entwicklungsbasis aus, da kein Simulationsmodell vorhanden ist, auf das zur Erweiterung aufgebaut werden könnte. Auch das Modell nach KIM UND GERSHWIN kommt nicht in Frage, da die inhaltliche Bewertung geringer ist als bei vier anderen betrachteten Ansätzen. Das Modell von VENKA-TESWARAN UND SON weist bezüglich 3 der vier Anforderungen einen sehr guten Erfüllungsgrad auf, allerdings werden keine Q-Prozesse abgebildet, und wird daher nicht im Rahmen dieser Arbeit verwendet. Den höchsten Erfüllungsgrad der Anforderungen weisen die drei verbleibenden Modelle von VLACHOS, REPENNING ET. AL. UND GLÖCKNER auf. Insgesamt findet sich im Ansatz nach GLÖCKNER ein leichter Vorsprung in der Anforderungserfüllung gegenüber den übrigen Modellen. Insbesondere durch die sehr detaillierte Abbildung des Fehlerabstellprozesses ist es für eine Verwendung in dieser Forschungsarbeit besonders gut geeignet. Der größte Anpassungsbedarf liegt bei diesem Modell in der Erhöhung des Detaillierungsgrades des abgebildeten Produktionsprozesses. Durch die Auswahl dieses Ansatzes lässt sich der Erstellungsaufwand reduzieren und die Verwendung von bereits wissenschaftlich anerkannten Modellanteilen maximieren.

Tabelle 3-1: Übersicht der Modelle mit Berücksichtigung von Wechselwirkungen zwischen Produktions- und Qualitätsprozessen

FM-Ansatz	Prozess-wechselwirkungen	Regelkreise	Detaillierungsgrad Q-Prozess	Detaillierungsgrad PPS	Lösungsansatz (Methode)	Simulationsmodell
VLACHOS	◕	◕	◔	◑	SD	ja
REPENNING & STERMAN	◕	●	◑	◔	SD	ja
VENKATESWARAN und SON	◑	◕	○	●	SD und DES	ja
COLLEDANI und TOLLIO	◑	◑	◔	◑	Markov-Kette	nein
KIM UND GERSHWIN	◑	◑	◔	◑	Markov-Kette	ja
GLÖCKNER	◕	◕	●	◔	SD	ja

Gemäß Tabelle 3-1 wird die Theorie nach GLÖCKNER ET AL. als Grundlage ausgewählt, um ein Modell zur Beantwortung der Forschungsfrage zu entwickeln. Im Folgenden werden daher die Teilmodelle und mathematischen Zusammenhänge im Modell von GLÖCKNER analysiert, um den expliziten Forschungs- und Entwicklungsbedarf detailliert aufzuzeigen.

4 Abgrenzung und Forschungsbedarf

In diesem Kapitel wird der zur Beantwortung der Forschungsfrage ausgewählte Ansatz eingehend beschrieben, analysiert (4.1) und die notwendigen Modellerweiterungen definiert (4.2).

4.1 Modellierung der Fehlerabstellung nach GLÖCKNER

Zur Detailanalyse wird die aktuelle Version des Ansatzes nach Glöckner zu Grunde gelegt.[120] Die Diskussion erfolgt dabei entlang der einzelnen Komponenten des SD-Modells. In Abbildung 4-1 ist das Gesamtmodell in SD mit Benennung der einzelnen Komponenten dargestellt. Die Verkettung dieser fünf Teilmodelle bildet einen Qualitätsregelkreis aus Fehlermanagement und Produktion.

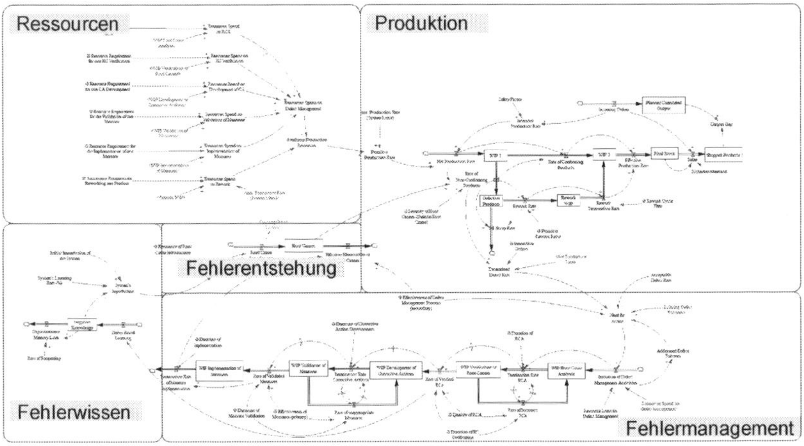

Abbildung 4-1: Übersicht SD-Modell nach Glöckner[121]

In den folgenden Tabelle 4-1 bis Tabelle 4-5 werden die Variablen der einzelnen Teilmodelle erläutert. Dabei werden diese in die drei Kategorien Inputgrößen, Outputgrößen und Modellparameter unterteilt. Die Input- und Outputgrößen werden innerhalb des Modells durch spezifische Programmcodes berechnet. Der genannte Quellcode basiert dabei auf den Vorgaben der Software Vensim des Unternehmens Ventana Systems, die verwendeten Funktionen ent-

[120] Vgl. Glöckner, H.; Tuertmann, R., et al.: Analyzing the Feedback Structure of Production Defect Management, 2017, S. 69 ff.

[121] Vgl. a. a. O., S. 70

sprechen in vielen Fällen denen der gängigen Nomenklatur aus verbreiteten Programmiersprachen. Die genaue Beschreibung der jeweiligen Funktion ist der Onlinehilfe des Softwareanbieters zu entnehmen.[122] Die Tabellen zur Erläuterung der Modellgrößen bestehen aus den drei Spalten „Bezeichnung", „Wert oder Formel" und „Einheit". Die Bezeichnung entspricht dabei dem im Modell eingesetzten Namen der Variable. In der Spalte Formel oder Einheit ist entweder der Quellcode zur Berechnung der Variable zu finden oder dem von GLÖCKNER ET. AL definierten Standardwert, falls es sich um einen festen Parameter handelt. In der dritten Spalte wird die Einheit des berechneten oder vorgegebenen Wertes aufgeführt, sofern eine existiert.

4.1.1 Teilmodell Fehlerursachenentstehung

Dieses Teilmodell folgt der Annahme, dass kein System einen Fehler vollständig vermeiden könne. So kommt es entsprechend einer spezifischen Rate zum Auftreten von neuen Fehlerursachen (Abbildung 4-2: *Root Cause Introduction*). Die Anzahl an neuen Ursachen hängt dabei insbesondere vom Systemzustand ab (Abbildung 4-2: *System's Imperfection*). Die im System vorhandenen Ursachen werden in einer Bestandsvariable gesammelt (Abbildung 4-2: *Root Causes*). Hier kann der aktuelle Fehlerursachenbestand im Unternehmen abgelesen werden. Aus diesem Pool wird die Rate der fehlerhaften Produkte abgeleitet. Die einzige Möglichkeit, den Bestand zu senken, ist eine wirksame Fehlerursachenabstellung.

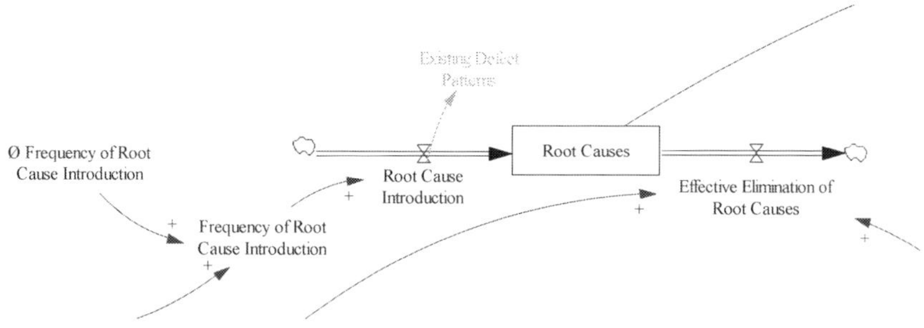

Abbildung 4-2: Teilmodell Fehlerursachenentstehung[123]

Tabelle 4-1 zeigt die enthaltenen Variablen und Parameter. In diesem Teilmodell existiert nur ein Parameter, die *Frequency of Root Cause Introduction*. Für diesen wird von GLÖCKNER ET AL. ein Standardwert vorgegeben, an welchem in der weiteren Modellverwendung zunächst festgehalten wird.

---

[122] https://www.vensim.com/documentation/vendemo_help.htm

[123] Vgl. Glöckner, H.; Tuertmann, R., et al.: Analyzing the Feedback Structure of Production Defect Management, 2017, S. 72

Tabelle 4-1: Modellvariablen und Modellparameter des Teilmodells Fehlerursachenentstehung

Fehlerursachenentstehung			
	Bezeichnung	Wert oder Formel	Einheit
Inputgrößen	System's Imperfection	IF THEN ELSE(*Negative Knowledge*<=1, *Initial Imperfection of the System*, *Initial Imperfection of the System***Negative Knowledge*^(LN("*System's Learning Rate* (%)")/LN(2)))	[-]
	Termination Rate of Measure Implementation	*Rate of Validated Measures*, *Ø Duration of Implementation*, 0	Tasks/Day
	Ø Effectiveness of Defect Management Process (secondary)	0.9	[%]
Outputgrößen	Existing Defect Patterns	Root Cause Introduction	[-]
	Root Causes	Root Cause Introduction-Effective Elimination of Root Causes	Root Causes
Modellparameter	Ø Frequency of Root Cause Introduction	0.5	Root Causes/Day

4.1.2 Teilmodell Fehlermanagement

Die Fehlerursachenabstellung kann nur durch den Fehlerabstellprozess erfolgen. Dieser ist im Modell von GLÖCKNER ET AL. an den existierenden Referenzprozessen orientiert (vgl. Kapitel 2.4). Es werden fünf Schritte des Fehlermanagementprozesses abgebildet:

- Root Cause Analysis
- Verification of Root Causes
- Development of Corrective Actions
- Validation of Measures
- Implementation of Measures

Jeder Prozessschritt ist dabei als Bestandsvariable zur Erfassung des jeweiligen Arbeitsvorrats im Prozessschritt modelliert. Erst die Implementierung einer Maßnahme führt zu Verringerung der Fehlerursachen.[124]

[124] Vgl. Glöckner, H.; Tuertmann, R., et al.: Analyzing the Feedback Structure of Production Defect Management, 2017, S. 73

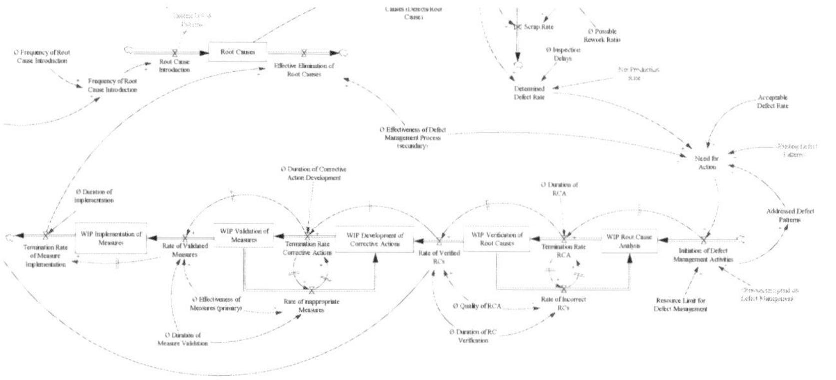

Abbildung 4-3: Teilmodell Fehlermanagement[125]

Tabelle 4-2 zeigt alle Variablen und Parameter im Teilmodell Fehlermanagement. Für die Modellparameter geben GLÖCKNER ET AL. hier Standardwerte vor. Durch Anpassung dieser Standardwerte kann das Modell individuell auf ein Unternehmen eingestellt werden. Das betrifft zum einen die Durchlaufzeiten der einzelnen Prozessschritte im Fehlermanagement. Bei der Verwendung eines softwaregestützten Work-Flow-Management-Systems könnten diese Werte mit begrenztem Aufwand ermittelt werden. Problematischer ist zum anderen der Parameter *Quality of RAC*. Durch diesen wird die Qualität der Fehlerursachenanalyse beschrieben. Hier liegt eine Verwendung des Standardwerts nach GLÖCKNER ET AL. nahe, da eine individuelle Quantifizierung ein umfassendes Bewertungssystem im jeweiligen Unternehmen benötigen würde. Die Entwicklung eines solches Systems bietet weiteren Forschungsbedarf.

Der Parameter *Acceptable Defect Rate* repräsentiert die Fehlerquote, die für ein Unternehmen im Hinblick auf eine Maximierung der Leistung des Gesamtsystems akzeptiert wird, ohne Fehlermanagementaktivitäten einzuleiten. Dies erscheint als relevanter Optimierungsparameter im Hinblick auf die Definition einer Fehlermanagementstrategie, da er vom Unternehmen direkt vorgegeben werden kann.

---

[125] Vgl. Glöckner, H.; Tuertmann, R., et al.: Analyzing the Feedback Structure of Production Defect Management, 2017, S. 73

Tabelle 4-2: Modellvariablen und Modellparameter des Teilmodells Fehlermanagement

Fehlermanagementprozess			
	Bezeichnung	Wert oder Formel	Einheit
Inputgrößen	Determined Defect Rate	IF THEN ELSE (Net Production Rate<=0, 1, "Rate of Non-Conforming Products"/Net Production Rate), Ø Inspection Delays, 0	[-]
	Existing Defect Patterns	INTEG (Root Cause Introduction)	[-]
	Resources spent on Defect Management	Resources Spent on Development of CA +Resources Spent on Implementation of Measures + Resources Spent on Validation of Measures+ Resources Spent on RCA + Resources Spent on RC Verification	[-]
Outputgrößen	Rate of Verified RCs	Termination Rate RCA*Ø Quality of RCA, Ø Duration of RC Verification, 0	Tasks/Day
	Termination Rate of Measure Implementation	Rate of Validated Measures, Ø Duration of Implementation, 0	Tasks/Day
	Effective Elimination of Root Causes	DELAY BATCH(Termination Rate of Measure Implementation*"Ø Effectiveness of Defect Management Process (secondary)", 1, 0, 0, 0, 0)	Root Causes/Day
	Termination Rate Corrective Actions	Rate of Verified RCs+Rate of inappropriate Measures, Ø Duration of Corrective Action Development, 0	Task/Day
	Termination Rate RCA	Initiation of Defect Management Activities+Rate of Incorrect RCs, Ø Duration of RCA, 0	[-]
	Rate of Validated Measures	Termination Rate Corrective Actions*"Ø Effectiveness of Measures (primary)", Ø Duration of Measure Validation, 0	Task/Day
Modellparameter	Acceptable Defect Rate	0.3	[-]
	Ø Effectiveness of Defect Management Process (secondary)	0.9	[-]
	Ø Quality of RCA	1	[-]
	Ø Duration of RC Verification	1	Days
	Ø Duration of RCA	2	Days
	Ø Duration of Measure Validation	1	Days
	Ø Effectiveness of Measures (primary)	1	[-]
	Ø Duration of Implementation	1	Days
	Ø Duration of Corrective Action Development	2	Days
	Ø Duration of Implementation	2	Days
	Resource Limit for Defect Management	100	[-]

4.1.3 Teilmodell Fehlerwissen

Wie bereits erwähnt, führt ein „schlechter" Systemzustand (System's Imperfection) zum Auftreten von neuen Fehlerursachen, daher kann diese Zunahme durch eine Systemverbesserung reduziert werden. GLÖCKNER ET AL. folgen der Annahme, dass dies durch organisationales Lernen realisiert werden könne.[126]

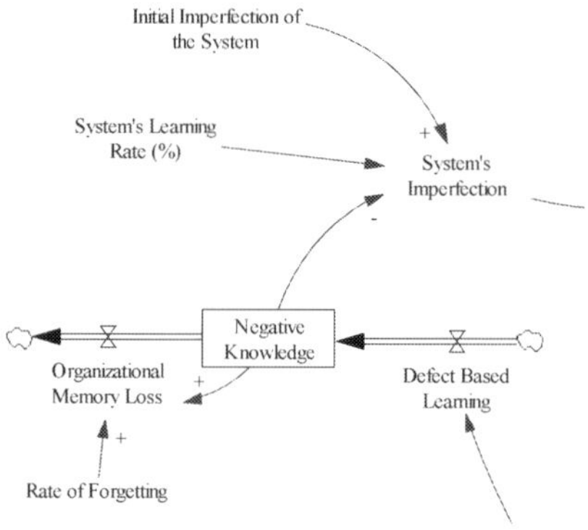

Abbildung 4-4: Teilmodell Fehlerwissen[127]

Im Modell hängt die Systemverbesserung direkt vom Umfang des vorhandenen Fehlerwissens ab. Dieses sinkt durch organisationalen Gedächtnisverlust (*Organisational Memory Loss*), z.B. in Form von Mitarbeiterabgängen und erhöht sich durch die Durchführung einer Ursachenverifizierung (siehe Abbildung 4-4).[128] Tabelle 4-3 umfasst die Variablen und Parameter des Teilmodells. Zur Quantifizierung der enthaltenen Parameter *Rate of Forgetting*, *Systems Learning Rate* und *Initial Imperfection of the System* geben GLÖCKNER ET AL. entsprechende Standardwerte vor.[129]

---

[126] Vgl. Glöckner, H.; Tuertmann, R., et al.: Analyzing the Feedback Structure of Production Defect Management, 2017, S. 73

[127] Vgl. ebenda

[128] Vgl. ebenda

[129] Vgl. a. a. O.

Tabelle 4-3: Modellvariablen und Modellparameter des Teilmodells Fehlerwissen

Fehlerwissen			
	Bezeichnung	Wert oder Formel	Einheit
Inputgrößen	Rate of Verified RCs	*Termination Rate RCA**Ø *Quality of RCA*, Ø *Duration of RC Verification*, 0	Task/Day
Outputgrößen	System's Imperfection	IF THEN ELSE(*Negative Knowledge*<=1, *Initial Imperfection of the System*, *Initial Imperfection of the System***Negative Knowledge*^(LN("*System's Learning Rate* (%)")/LN(2)))	[-]
Modellparameter	Rate of Forgetting	0,01	[-]
	Systems's Learning Rate (%)	0,85	[-]
	Initial Imperfection of the System	1	[-]

4.1.4 Teilmodell Ressourcen

Das Modell nach GLÖCKNER ET AL. folgt der Annahme, dass einem Produktionssystem nur ein begrenzter Umfang an Personal zur Verfügung steht. Die Belegschaft kann dabei auf zwei unterschiedliche Weisen eingesetzt werden. Eine Möglichkeit ist der Einsatz zur Produktion von Gütern, d.h. direkt im Wertschöpfungsprozess. Eine Erhöhung des Personaleinsatzes führt daher zu einer Steigerung der Bruttoproduktionsrate. Diese enthält dabei alle produzierten Teile, auch die fehlerhaften. Die zweite Möglichkeit zur Verwendung des Personals ist der Einsatz im Fehlerabstellprozess. Diese Indienstnahme führt dazu, dass der Bestand an Fehlerursachen im Unternehmen reduziert wird. Durch die Zuordnung von Personal zum Fehlerabstellprozess sinkt folglich die Bruttoproduktionsrate, jedoch gleichzeitig auch die Fehlerrate, und somit steigt die Anzahl der produzierten Gutteile (Netto-Produktionsrate). Im Modell wird der Personaleinsatz entsprechend der in Abbildung 4-5 dargestellten Zusammenhänge umgesetzt. Dem Produktionssystem steht ein limitierter Personalumfang zur Verfügung. Die Arbeitskraft, die direkt zur Fertigung von Teilen eingesetzt werden kann, reduziert sich im Modell durch die Größe des Arbeitsvorrats in den verschiedenen Prozessschritten des Fehlermanagements.[130]

[130] Vgl. Glöckner, H.; Tuertmann, R., et al.: Analyzing the Feedback Structure of Production Defect Management, 2017, S. 73

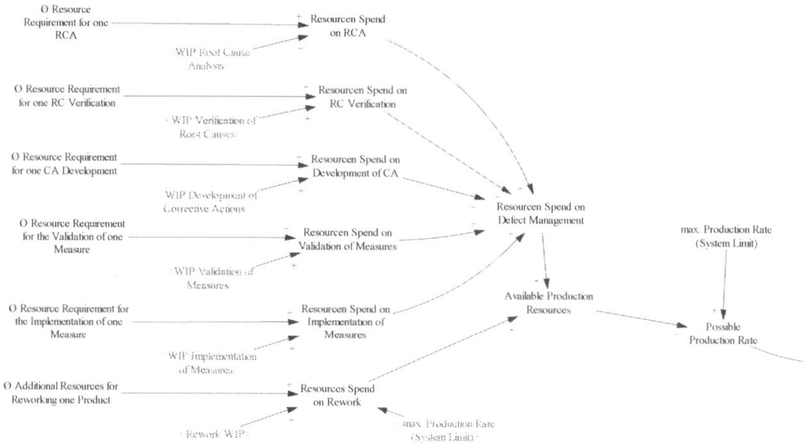

Abbildung 4-5: Teilmodell Ressourcen

Die Berechnung der verfügbaren Ressourcen erfolgt dabei zunächst als relative Größe, d.h. die Variable *Available Production Resources* ist eine relative Größe. Erst durch die Multiplikation mit der Konstanten max. Production Rate werden absolute Produktionszahlen berechnet.

Tabelle 4-4 enthält die Parameter und Variablen des Teilmodells Ressourcen. Als Modellparameter muss in diesem Teilmodell die Dauer der einzelnen Prozessschritte des Fehlerabstellprozesses festgelegt werden. Wie bereits in der Beschreibung des Teilmodells zum Fehlermanagement könnten diese Werte unternehmensspezifisch ermittelt werden. Selbiges gilt für die Dauer der Nacharbeit (*Duration Rework*).

Tabelle 4-4: Modellvariablen und Modellparameter des Teilmodells Ressourcen

Ressourcen			
Bezeichnung		Wert oder Formel	Einheit
Inputgrößen	WIP Root Cause Analysis	*Initiation of Defect Management Activities + Rate of Incorrect RCs-Termination Rate RCA*	Tasks
	WIP Verification of Root Causes	*Termination Rate RCA-Rate of Incorrect RCs-Rate of Verified RCs*	Tasks
	WIP Development of Corrective Actions	*Rate of inappropriate Measures + Rate of Verified RCs-Termination Rate Corrective Actions*	Tasks
	WIP Validation of Measures	*Termination Rate Corrective Actions-Rate of Validated Measures-Rate of inappropriate Measures*	Tasks
	WIP Implementation of Measures	*Rate of Validated Measures-Termination Rate of Measure Implementation*	Tasks
	Rework WIP	*Rework Rate-Rework Termination Rate*	[-]
	max. Production Rate (System Limit)	110	Products/Day

Outputgrößen	Available Production Resources	SMOOTH(Max(0, 100- *Resources Spent on Defect Management-Resources Spend on Rework*), 1)	[-]
Modellparameter	Ø Resource Requirement for one RCA	15	Minutes
	Ø Resource Requirement for one RC Verification	5	Minutes
	Ø Resource Requirement for one CA Development	15	Minutes
	Ø Resource Requirement for the Validation of one Measure	0	Minutes
	Ø Resource Requirement for the Implementation of one Measure	5	Minutes
	Ø Additional Resources for Reworking one Product	75	Minutes

4.1.5 Teilmodell Produktion

Den Kern des Modells nach GLÖCKNER ET AL. bildet ein Produktionsprozess, der auf einem sehr hohen Abstraktionsniveau dargestellt ist. Das bedeutet, es sind keine einzelnen Prozessschritte darstellbar, sondern lediglich die gesamte Produktion eines Unternehmens in einem Berechnungsschritt. Die Eingangsgröße ist dabei die maximal mögliche Produktionsrate (*Possible Production Rate*), und die entsprechende Ausgangsgröße sind die verkauften und versendeten Produkte (*Shipped Products*), siehe hier auch Abbildung 4-6. Innerhalb des modellierten Produktionsablaufs existieren zwei zentrale Arbeitsvorräte – die eigentliche Produktion (WIP 1) und die zu erledigende Nacharbeit (Rework WIP). Die Gesamtzahl der produzierten Einheiten teilt sich durch die Fehlerrate (*Rate of non-Conforming Products*) in defekte und korrekte Produktionseinheiten auf. Die defekten Produkte können nur teilweise durch Nacharbeit korrigiert werden. Der Umfang der Nacharbeit bestimmt sich durch die Nacharbeitsrate (*Rework Rate*). Die nachgearbeiteten Produkte bilden in Summe (*WIP 2*) mit den direkt korrekt produzierten Einheiten die effektive Produktionsrate (*Effective Production Rate*). Diese Rate beschreibt den kontinuierlichen Zuwachs an Fertigprodukten im finalen Lager (*Final Stock*).[131] Alle Produkte in diesem Lager entsprechen den vorgegebenen Qualitätsanforderungen und können an Kunden verkauft und versendet werden.

[131] Vgl. Glöckner, H.; Tuertmann, R., et al.: Analyzing the Feedback Structure of Production Defect Management, 2017, S. 71 f.

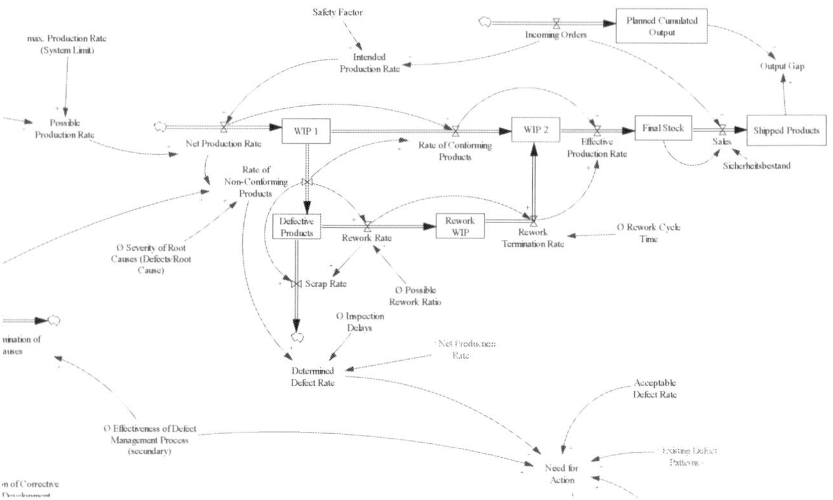

Abbildung 4-6: Teilmodell Produktion

Tabelle 4-5 zeigt die Variablen und Parameter des Teilmodells Produktion. Hier werden insbesondere Modellparameter zu Charakterisierung des Produktionssystems festgelegt. Es ist zu definieren, mit welcher zeitlichen Verzögerung Qualitätskontrollen vorgenommen werden (Inspection Delay), mit welcher Quote die Nacharbeit bei fehlerhaften Teilen möglich ist (*Possible Rework Ratio*), was die theoretische Maximalleistung des Systems ist (*Max. Production Ratio*) und mit welchem Sicherheitsfaktor die Anzahl der zu produzierenden Einheiten geplant wird (*Safety Faktor*).

Tabelle 4-5: Modellvariablen und Modellparameter des Teilmodells Produktion

Produktion			
	Bezeichnung	Wert oder Formel	Einheit
Inputgrößen	Available Production Resources	SMOOTH(Max(0, 100-*Resources Spent on Defect Management-Resources Spend on Rework*), 1)	Personal
Inputgrößen	Root Causes	*Root Cause Introduction-Effective Elimination of Root Causes*	Root Causes
Inputgrößen	Net Production Rate	MIN(*Intended Production Rate, Possible Production Rate*)	Products/Day
Outputgrößen	Output Gap	*Planned Cumulated Output-Shipped Products*	Products
Outputgrößen	Determined Defect Rate	IF THEN ELSE(*Net Production Rate*<=0, 1, *"Rate of Non-Conforming Products"/Net Production Rate*), *Ø Inspection Delays*, 0	[%]
M	Ø Inspection Delays	0	Days

	Ø Possible Rework Ratio	0.1	[%]
	Ø Rework Cycle Time	0	Days
	Sicherheitsbestand	100	Products
	Safety Factor	1	[-]
	max. Production Rate (System Limit)	110	Products
	Ø Severity of Root Causes (Defects/Root Cause)	0.1	1/Root Causes

4.1.6 Zielsystem für ein Integriertes Simulationsmodell

Zur Integration von Produktions- und Fehlermanagementprozessen wurde von GLÖCKNER ET AL. ein Zielsystem definiert, das für beide Prozesse die relevanten Zielgrößen enthält. Gewählt wurde hier das Dreieck aus Zeit, Qualität und Kosten.[132] Die Kosten sind hier als Personalaufwand definiert, die Zeit ist über eine schrittweise Simulation abgebildet und die Qualität wird durch eine Fehlerrate der produzierten Produkte gemessen. Die führende Optimierungsgröße ist die Qualität. Der Personaleinsatz wird konstant gehalten, und die Zeit dient als Referenzpunkt zum Vergleich der Qualitätsveränderung nach Parameteranpassungen im Modell. Zur praktischen Leistungsmessung gemäß dieses Zielsystems sind im Modell drei Variablen von besonderer Bedeutung:[133]

- Die Netto-Produktionsrate (*Net Production Rate*),
- die effektive Produktionsrate (*Effective Production Rate*),
- der Ertrag des Produktionssystems (*Effective Production Rate / Net Production Rate*).

4.2 Forschungsbedarf zur Weiterentwicklung des SD-Modells nach GLÖCKNER ET AL.

Insgesamt bildet das Modell nach GLÖCKNER ET AL. einen umfassenden Ansatz zur optimierten Integration von Fehlerabstellprozessen in den Fertigungsablauf. Jedoch scheint das ausgewählte Abstraktionsniveau an diesem Punkt zu hoch, um eine tatsächliche Optimierung auf der Ebene einer Produktionsplanung und -steuerung zu ermöglichen. Insbesondere der dargestellte Detaillierungsgrad innerhalb des Teilmodells Produktion gestattet keine Simulation auf Prozessschrittebene, wie sie für eine Berechnung der Kennzahlen zur Beantwortung der Forschungsfrage notwendig wäre. Dieses Teilmodell sollte befähigt werden, einen beliebigen Produktionsablauf abzubilden, um spezifische Szenarien berücksichtigen zu können.

[132] Vgl. Glöckner, H.; Schmitt, R.: Analyzing the Feedback Structure of Failure Management in Manufacturing Systems, 2014

[133] Vgl. Glöckner, H.; Tuertmann, R., et al.: Analyzing the Feedback Structure of Production Defect Management, 2017, S. 72

Die abgebildete Produktion ist auf den Einsatz von Mitarbeitern zur Produktion von Gütern beschränkt. Daher können automatisierte Prozesse nicht einkalkuliert werden, bei denen sich der Zielkonflikt der Ressourcen nur auf den Einsatz der Mitarbeiter – entweder in der Produktion oder im Fehlermanagement – bezieht. Die Höhe der Produktionsrate ist dementsprechend direkt von der Anzahl der eingesetzten Mitarbeiter abhängig. Es kann somit nur eine manuelle oder teilautomatisierte Produktion abgebildet werden, in der der Output direkt vom Arbeitseinsatz des Mitarbeiters herrührt. Im Hinblick auf die Eingrenzung der Forschungsfrage sowie die Betrachtung der manuellen Montagetätigkeit ist diese Einschränkung unschädlich.

Die Teilmodelle bezüglich der Fehlerursachenentstehung, des Fehlermanagementprozesses und des fehlerbasierten Lernens sind detailliert ausgeführt und scheinen im Hinblick auf die Forschungsfrage geeignet. Anzumerken ist hier lediglich, dass der Fehlermanagementprozess nach Glöckner mit der Ursachenanalyse beginnt. In vielen anderen Modellen[134] [135] [136] setzt dieser Prozess deutlich früher an – sie berücksichtigen zudem die Fehlererkennung und -erfassung. Hier ist somit zu prüfen, welche Prozessschritte für die Mitarbeiter der manuellen Montage bei der Aufgabendurchführung relevant sind, um diese dem Modell gegebenenfalls hinzuzufügen.

Eine weitere Problematik ergibt sich in Bezug auf die Festlegung der Modellparameter. Im Simulationsmodell nach GLÖCKNER ET AL. besteht die Produktion aus einem einzigen Bearbeitungsschritt. In der Realität ist eine Produktion aus einer Vielzahl von Prozessschritten zusammengesetzt, wobei sich diese Abschnitte deutlich hinsichtlich ihres Inhalts und ihrer Fehleranfälligkeit unterscheiden können. Insbesondere die Fehlerrate bzw. die Modellparameter, welche die Berechnungsgrundlage für diese bilden, müssen im Modell nach GLÖCKNER ET AL. prozessübergreifend festgelegt werden. Die Parameter werden dem Modell exogen vorgegeben und haben wesentlichen Einfluss auf die Simulationsergebnisse, da hierdurch die Anzahl der fehlerhaft produzierten Einheiten determiniert wird. Um eine Simulation durchzuführen, die eine Produktionsplanung und Steuerung unterstützen kann, gilt es zu klären, wie eine Fehlerrate bestimmt werden kann, ohne dass der Prozess bereits durchlaufen wurde und zudem die Wahrscheinlichkeit für das Auftreten eines Fehlers gemessen werden kann.

---

[134] Vgl. Tuertmann, R.; Ruessmann, M., et al.: Challenges and design of a data-oriented complaint and failure management, 2016

[135] Vgl. Linß, G.: Qualitätsmanagement für Ingenieure, 2011

[136] Vgl. Ellouze, W.: Entwicklung eines Modells für ein ganzheitliches Fehlermanagement, 2010

Der beschriebene Anpassungsbedarf in den einzelnen Teilmodellen ist in Tabelle 4-6 zusammengefasst.

Tabelle 4-6: Notwendige Anpassungen am Modell nach GLÖCKNER ET AL.

Teilmodelle nach GLÖCKNER ET AL.	Vorgehen
Produktion	Neukonzeptionierung zur Modularisierung
Fehlermanagementprozess	Erweiterung
Fehlerwissen	Adaption
Fehlerursachen	Adaption
Ressourcen	Erweiterung

Die Durchführung dieser Anpassungen im Rahmen der Forschungsarbeit untergliedert sich in die beiden nachfolgenden Kapitel.

In Kapitel 0 wird das Simulationsmodell nach GLÖCKNER ET AL. zur Abbildung einer individuellen Produktionskette befähigt, die die relevanten Größen der Produktionsplanung und -steuerung umfasst. Zudem werden die Erweiterungen der Teilmodelle Fehlermanagementprozess und Ressourcen vorgenommen.

In Kapitel 6 wird eine Methode erarbeitet, die es ermöglicht, Fehlerwahrscheinlichkeiten in der manuellen Montage auf Basis der zu bearbeitenden Aufgaben zu berechnen. Eingesetzt wird dieses Methode in Kapitel 0 zur Quantifizierung der Fehlereintrittswahrscheinlichkeit in einem unternehmensspezifischen Simulationsmodell.

5 Modellkonzept

Im folgenden Kapitel dieser Forschungsarbeit wird das integrative Fehlermanagementmodell von GLÖCKNER ET AL. zu einem modularen Ansatz weiterentwickelt. Dazu sollen Teile dieses Konzepts in einem Modul zusammengefasst werden. Ein solches Modul repräsentiert in diesem Fall einen einzelnen Prozessschritt, der über die Festlegung von Parameterwerten individualisiert werden kann. Durch eine Verkettung dieser Module können ganze Fertigungsketten abgebildet werden. Diese detaillierte Abbildung eines Prozessschrittes ermöglicht es, entsprechende Größen der Produktionsplanung und -steuerung (PPS) zu berücksichtigen bzw. zu berechnen. Zunächst wird dazu ein Entwurf der Modellerweiterung erarbeitet (5.1) und aus diesem ein Causal-Loop-Diagramm des Gesamtmodells abgeleitet (5.2). Zum Abschluss des Modellkonzepts wird ein Zielsystem im Sinne der Forschungsfrage definiert (5.3)

5.1 Entwurf der Modellerweiterung

Zur Abgrenzung des Betrachtungsbereiches wird das zu entwickelnde Modell in der Aufbauorganisation eines Unternehmens verortet. Betrachtet wird dazu ein fiktiver Serienfertiger, der eingekaufte Bauteile zu einem Fertigprodukt montiert und vertreibt (Abbildung 5-1). Die Organisation besteht aus den Abteilungen Vertrieb, Einkauf, Entwicklung, Arbeitsvorbereitung, Montage und Logistik. Das Qualitätsmanagement wird als Stabsstelle der Geschäftsführung ausgeführt. Anhand dieses Organisationsaufbaus lassen sich die Betrachtungsbereiche der einzelnen Teilmodelle des zu entwickelnden Modells beschreiben. Die Abgrenzungen der Teilmodelle folgen dabei weitgehend dem Ansatz nach GLÖCKNER ET AL.[137] Der Betrachtungsbereich eines Prozessschritts (Teilmodell Produktion) wurde bereits bezüglich der Forschungsfrage spezifiziert. Bei der Gestaltung des neuen Modellansatzes ist zu berücksichtigen, dass sich der Betrachtungsbereich zwischen den verschiedenen Teilmodellen unterscheidet. So bezieht das Teilmodell Produktion lediglich die operativen Tätigkeiten des Monteurs mit ein (vgl. Kapitel 2.7 objektbezogene Arbeit). Die operativen Tätigkeiten umfassen die Wertschöpfung durch das Personal sowie dessen relevante Aufgaben im Fehlermanagement. Im fortschreitenden Prozess des Fehlermanagements werden auch Mitarbeiter, die nicht operativ in die Montage eingebunden sind, und Mitarbeiter aus anderen Abteilungen mit einbezogen. Daher ist der Bezugsrahmen hier entsprechend größer. Den umfassendsten Geltungsbereich weist das Teilmodell der Fehlerursachen auf: Hier werden Einflüsse aus dem gesamten Unternehmen berücksichtigt.

---

[137] Vgl. Tuertmann, R.; Glöckner, H., et al.: Conceptual modelling of the failure management process in the production industry, 2017

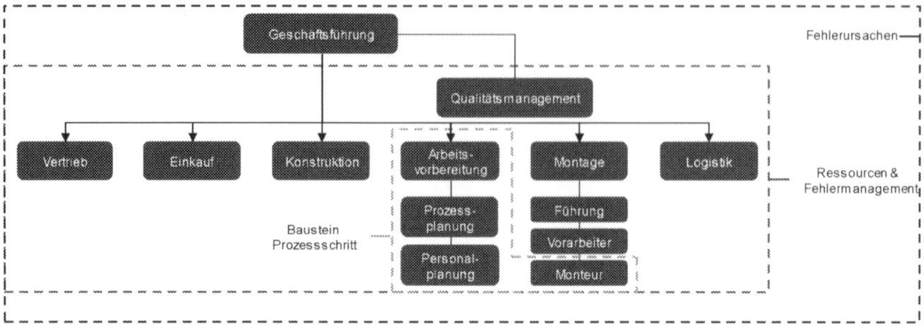

Abbildung 5-1: Beispielhafte Aufbauorganisation zur Modellabgrenzung

Zur Anpassung des Modellkonzepts wird ein schematischer Aufbau gemäß Abbildung 5-3 vorgeschlagen. Die Anpassung beschränkt sich auf dieser Abstraktionsebene auf die Abbildung der Produktion in einzelnen Prozessschritten (anstelle eines Gesamtsystems). Durch dieses modulare Schema wird es möglich, einen Produktionsprozess mit beliebig vielen Produktionsschritten in einem Modell abzubilden. Im Unterschied zum existierenden Ansatz nach GLÖCKNER wird das daraus entstehende Simulationsmodell nicht nur durch die individuellen Werte der Modellparameter an ein spezifisches Unternehmen angepasst, sondern auch durch eine Veränderung der Modellstruktur. Diese strukturelle Anpassung wird durch den Vergleich zwischen Abbildung 5-2 und Abbildung 5-3 ersichtlich.

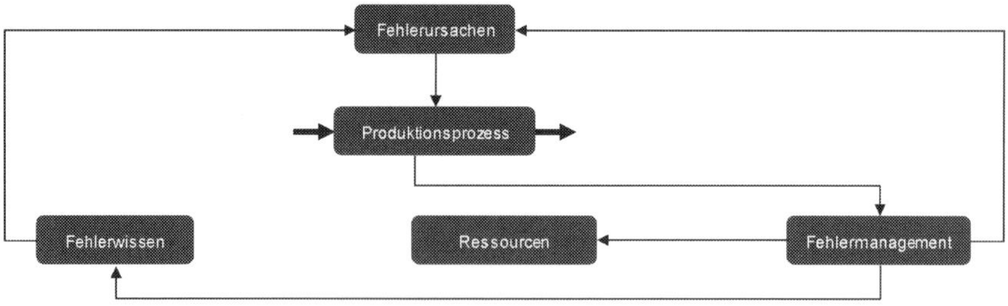

Abbildung 5-2: Ausgangskonstrukt hinsichtlich des Produktionsprozesses nach GLÖCKNER ET. AL

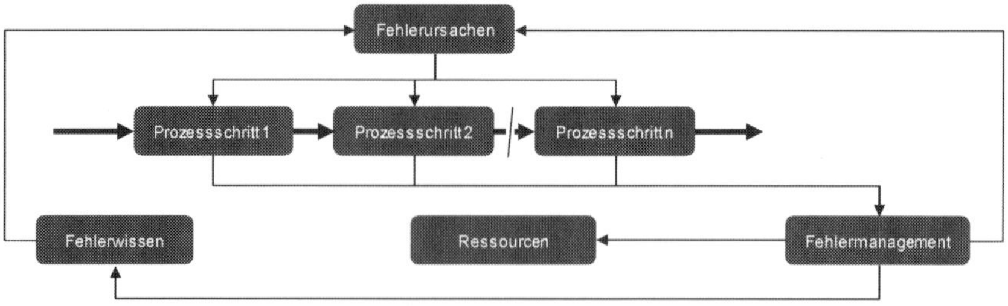

Abbildung 5-3: Schematische Darstellung der Modellanpassung

Gravierende Herausforderungen ergeben sich aufgrund dieser Anpassung insbesondere an den Schnittstellen zwischen den Prozessschritten selbst und den übrigen Teilmodellen. Der hieraus resultierende Anpassungsbedarf wird in den folgenden Unterkapiteln detailliert identifiziert und die notwendige Anpassung ausgestaltet. Das Modell nach GLÖCKNER verwendet, wie ein großer Teil der Forschungsansätze aus Abschnitt 3.3, die Modellierungsmethode System Dynamics[138]. Als etablierte Methode wird System Dynamics auch für die Erweiterung des Modells eingesetzt. Zur Darstellung von Modellen werden in dieser Methode Causal-Loop-Diagramme (CLD) verwendet, die in den folgenden Beschreibungen der Teilmodelle vorgestellt werden.

5.1.1 Teilmodell Fehlermanagement

Das Teilmodell Fehlermanagement bildet einen Fehlerabstellprozess im Sinne der Prozesse aus Abschnitt 2.4. An dieser Stelle wird das Modell nach GLÖCKNER ET AL. nicht angepasst. Die abgebildeten Prozessschritte sind mit den Referenzprozessen aus Kapitel 2.4 vergleichbar und scheinen zum Einsatz auf dem Wissenschaftsgebiet der Forschungsfrage geeignet zu sein. Das Teilmodell muss lediglich dazu befähigt werden, mit mehreren Prozessschritten, d.h. mehreren Teilmodellen der Produktion, zu interagieren. Im Ausgangsmodell entsteht diese Interaktion durch einen Handlungsbedarf, welcher sich durch Fehler im Produktionsablauf ergibt. Dieser Handlungsbedarf ist die entscheidende Größe zur Maximierung des Fehlermanagements. In der Modellerweiterung existiert nicht nur ein zusammengefasster Produktionsabschnitt, sondern es werden mehrere Prozessschritte einzeln aufgeschlüsselt. Aus dem individuellen Handlungsbedarf der Prozessschritte wird durch Aufsummierung ein gesamter Handlungsbedarf erzeugt. Abbildung 5-4 zeigt den Ausschnitt des CLD für das Fehlermanagement.

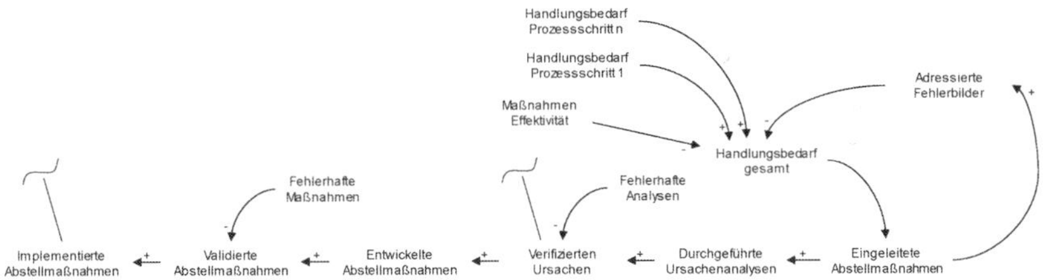

Abbildung 5-4: CLD-Ausschnitt des Fehlermanagements[139]

[138] Vgl. Forrester, J. W.; Senge, P. M.: Tests for building confidence in system dynamics models, 1979

[139] Vgl. Glöckner, H.; Tuertmann, R., et al.: Analyzing the Feedback Structure of Production Defect Management, 2017, S. 73

5.1.2 Teilmodell Fehlerwissen

Im Teilbereich Fehlerwissen wird gemäß Tabelle 4-6 keine Anpassung vorgenommen. Der Ausschnitt des CLD wurde vom Simulationsmodel nach GLÖCKNER ET AL. abgeleitet.[140] Im Fokus dieses Modellteils steht das im Unternehmen vorhandene Fehlerwissen, welches durch das Durchführen des Fehlermanagementprozesses zunehmen kann (Lernen aus Fehlern) und sich durch den organisationalen Wissensverlust reduziert. Abbildung 5-5 zeigt den entsprechenden Ausschnitt des CLD.

Abbildung 5-5: CLD-Ausschnitt des Fehlerwissens[141]

5.1.3 Teilmodell Fehlerursachen

Im Teilbereich Fehlerursachen werden gemäß Tabelle 4-6 ebenfalls keine Anpassungen vorgenommen. Der Ausschnitt des CLD wurde vom Simulationsmodel nach GLÖCKNER ET AL. abgeleitet. Die bestehenden Fehlerursachen in einem Unternehmen bilden die Basis zur Bestimmung der Fehlerraten in den Prozessschritten der Produktion. Reduziert werden die Ursachen durch die Beseitigung von Fehlerursachen im Fehlermanagementprozess. Neben der Reduzierung können auch neue Fehlerursachen entstehen, was vom Systemzustand des Unternehmens abhängt.[142] Abbildung 5-6 zeigt den entsprechenden Ausschnitt des CLD.

Abbildung 5-6: CLD-Ausschnitt der Fehlerursachen[143]

5.1.4 Teilmodell Ressourcen

Das Teilmodell Ressourcen nach GLÖCKNER ET AL. dient zur Erhebung aller Aufwände im Fehlermanagementprozess. Diese reduzieren die verfügbaren Personalkapazitäten, die zur Fertigung von Produkten eingesetzt werden können und beschreiben so den Zielkonflikt im Produktionssystem.[144] Mitarbeiterkapazitäten werden hier nicht anhand ihrer Qualifikationen und organisationaler Zuordnung unterschieden; es ist jedoch in der Praxis sehr unwahrscheinlich,

---

[140] Vgl. a. a. O., S. 74
[141] Vgl. ebenda
[142] Vgl. ebenda
[143] Vgl. ebenda
[144] Vgl. ebenda

dass ein gesamter Fehlermanagementprozess von einem Beschäftigten durchlaufen werden kann, da die verschiedenen Aufgaben im Prozess teilweise sehr unterschiedliche Anforderungen an den Mitarbeiter stellen und das Einbeziehen verschiedener Organisationseinheiten notwendig ist (Vgl. Rollen und Aufbauorganisation nach TÜRTMANN ET AL.[145]). Bezüglich der Ressourcen ist daher eine Spezifizierung vorzunehmen. Hinsichtlich der Forschungsfrage liegt der Fokus hier auf den Beschäftigten mit einer operativen Tätigkeit im Montageprozess (vgl. Abschnitt 5.1). Die Tätigkeiten dieser Mitarbeiter finden im Fehlermanagementprozess während des Wertschöpfungsprozesses statt. Da der operative Mitarbeiter die Basis des Fehlermanagementprozesses bildet, ist er insbesondere in die Fehlererkennung und -erfassung eingebunden.[146] [147] [148] Genau diese Prozessschritte werden nicht im Modell nach GLÖCKNER ET AL. berücksichtigt (vgl. Abschnitt 4.1.6). Die notwendige Erweiterung des Fehlermanagements hinsichtlich dieser Prozessschritte sowie den daraus entstehen Ressourcenbedarf werden ins neugestalteten Teilmodell Produktion integriert. Für den Ressourcenbedarf im weiteren Fehlermanagementprozess wird das Teilmodell Ressourcen analog zum Simulationsmodell nach GLÖCKNER ET AL. gestaltet.

5.1.5 Teilmodell Produktion

Das Modell zur Abbildung des Produktionsablaufs wird entsprechend den Anforderungen zur Beantwortung der Forschungsfrage neugestaltet. Für eine detaillierte Abbildung des Produktionsablaufs müssen die rudimentären Größen der Produktionsplanung und -steuerung im Modell enthalten sein. Gemäß Abschnitt 2.7 und 2.8 werden daher folgende Elemente in das Modell mit aufgenommen:

Geplanter Produktionsumfang mit Zeitbezug

Art, Anzahl und Zeitraum der Bearbeitung eines Produktes sind die Basisgrößen der Produktprogrammplanung.[149] Vereinfacht wird hier lediglich die Produktion von gleichartigen Produkten betrachtet. Um die Anzahl und den Produktionszeitraum der Produkte festzulegen, wird eine Rate (Produkte pro Tag) festgelegt. Ein Planwert soll hier simplifiziert nur für den ersten Prozessschritt definiert werden. Als Mengenvorgabe in den weiteren Prozessschritten wird die Anzahl der gefertigten Gutteile aus dem vorherigen Prozessschritt verwendet.

---

[145] Vgl. Tuertmann, R.; Ruessmann, M., et al.: Challenges and design of a data-oriented complaint and failure management, 2016, S. 890 ff.

[146] Vgl. Linß, G.: Qualitätsmanagement für Ingenieure, 2011

[147] Vgl. Tuertmann, R.; Ruessmann, M., et al.: Challenges and design of a data-oriented complaint and failure management, 2016

[148] Vgl. Ellouze, W.: Entwicklung eines Modells für ein ganzheitliches Fehlermanagement, 2010

[149] Vgl. Kern, W.: Handwörterbuch der Produktionswirtschaft, 1979, S. 1566

Reihenfolge der Prozessschritte

Im Modell müssen mehrstufige Produktionsprozesse[150] abgebildet werden können. Dazu muss sich das Teilmodell der Produktion zu einer Prozesskette verknüpfen lassen.

Personalbedarf und Personaleinsatz

Eine wesentliche Aufgabe der Bereitstellungsplanung ist die Ermittlung des Personalbedarfs und dessen Einsatz zur Produktion der Güter.[151] Zu diesem Zweck soll für jeden Prozessschritt das notwendige Personal ermittelt werden. Dazu ist auch die Anzahl der jeweiligen Arbeitsschichten pro Tag zu berücksichtigen, um den Personalbedarf in Abhängigkeit vom täglichen Produktionsvolumen zu planen.

Durchlaufzeit des Prozessschrittes

Die Durchlaufzeit eines Prozessschrittes muss dem Modell als Inputgröße bekannt sein, um den notwendigen Personalbedarf (s.o.) berechnen zu können. Unter der Durchlaufzeit versteht man die Zeit zwischen Beginn des ersten Arbeitsvorgangs und Abschluss des letzten Arbeitsvorgangs innerhalb eines Prozessschrittes.[152] In diesem Modell wird als Inputgröße nur der Zeitbedarf für die Montagetätigkeiten berücksichtigt. Gegebenenfalls entstehende Verzögerungen durch das Fehlermanagement können durch das Modell dynamisch mit einbezogen werden.

Arbeitszeit, die für Montagetätigkeiten zur Verfügung steht

Zur Beantwortung der Hauptforschungsfrage muss die Anzahl der konform montierten Produkte bekannt sein. Bezüglich der Berechnung dieser Quantität ist neben der Fehlerrate auch die Zeit relevant, die das Personal für die Montage der Produkte tatsächlich aufwenden kann. Hier müssen Nebenzeiten für sonstige Tätigkeiten oder Pausen bereits abgezogen sein.

Aufgaben und Ressourcenbedarf des Fehlermanagements

Aus dem Vorgehen gemäß Tabelle 4-6 und den Erläuterungen in Abschnitt 5.1.4 resultiert der Erweiterungsbedarf hinsichtlich der Ressourcen und Aufgaben des operativen Mitarbeiters im Fehlermanagement. Daher wird der Ressourcenbedarf für die Erkennung und die Erfassung eines Fehlers in das Modell aufgenommen.

Fehlerrate

Zur Berechnung der Anzahl der konform produzierten Produkte aus der Gesamtzahl der produzierten Produkte muss die Fehlerrate in jedem einzelnen Prozessschritt bekannt sein. Die

---

[150] Vgl. Kern, W.: Handwörterbuch der Produktionswirtschaft, 1979, S. 1644

[151] Vgl. Kern, W.: Industrielle Produktionswirtschaft, op. 1992, S. 164 ff.

[152] Vgl. Kai-Ingo Voigt: Gabler Wirtschaftslexikon, 2018

Berechnung der Fehlerrate erfolgt, entsprechend des Modellansatzes nach GLÖCKNER ET AL., durch die Multiplikation der Fehlerursachen mit der Fehlereintrittswahrscheinlichkeit. Letztere muss dabei prozessschrittspezifisch ermittelt werden. Eine geeignete Methode zur Berechnung dieser Wahrscheinlichkeit zu definieren ist Gegenstand von Kapitel 6.

In einem CLD lassen sich diese Elemente entsprechend der Abbildung 5-7 miteinander verknüpfen. Aus der geplanten Stückzahl, der Durchlaufzeit, der Schichtlänge abzüglich der Pausen (netto) und dem Zeitbedarf für Prüfungen bestimmt sich der Personalbedarf. Werden ausgehend von diesem die Ressourcenbedarfe für die Fehlererfassung und Prüfungen abgezogen, erhält man die Zeit, in der das Personal die Montage von Bauteilen durchführen kann. Diese verfügbare netto Produktionszeit erhöht die Anzahl der fertiggestellten Produkte, welche sich entsprechend der Fehlerrate in konforme und fehlerhafte Produkte unterteilen. Jedes fehlerhafte Produkt erhöht dabei den Aufwand für die Fehlererfassung.

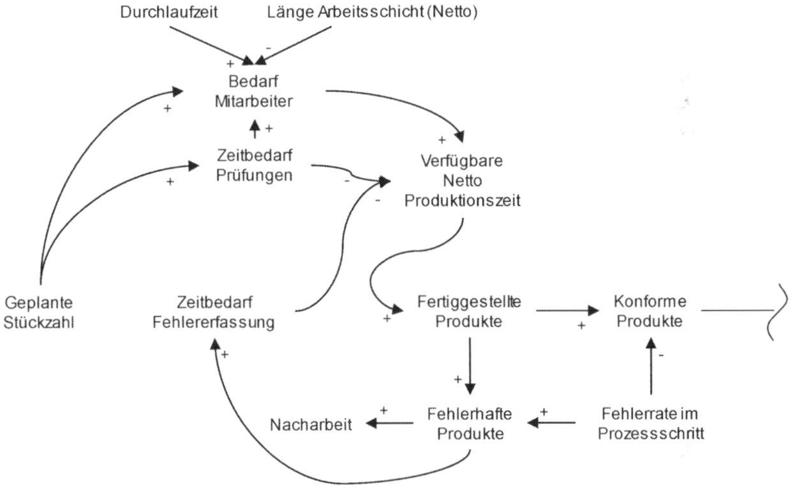

Abbildung 5-7: CLD-Ausschnitt des Teilmodells Produktion

5.2 Causal-Loop-Diagramm des Gesamtmodells

Die beschriebenen Ausschnitte der Teilmodelle können zu einem Gesamtmodell eines Produktionssystems mit integriertem Fehlermanagement zusammengeschlossen werden. Erst dadurch entsteht ein geschlossener Qualitätsregelkreis, der Wechselwirkungen zwischen der Produktion und dem Fehlermanagement abbilden kann. Exemplarisch dazu ist in Abbildung 5-8 eine Produktion mit zwei sichtbaren Prozessschritten dargestellt, Prozessschritt 1 und Prozessschritt n. Die Trennung der Verknüpfung dieser beiden Prozessschritte mit einer Wellenlinie stellt dabei die Möglichkeit dar, beliebig viele Prozessschritte in gleicher Weise in das Modell aufzunehmen. So erreicht das Modell die Fähigkeit, einen beliebigen Montageprozess darzustellen, der einer strikten Fertigungsreihenfolge unterliegt.

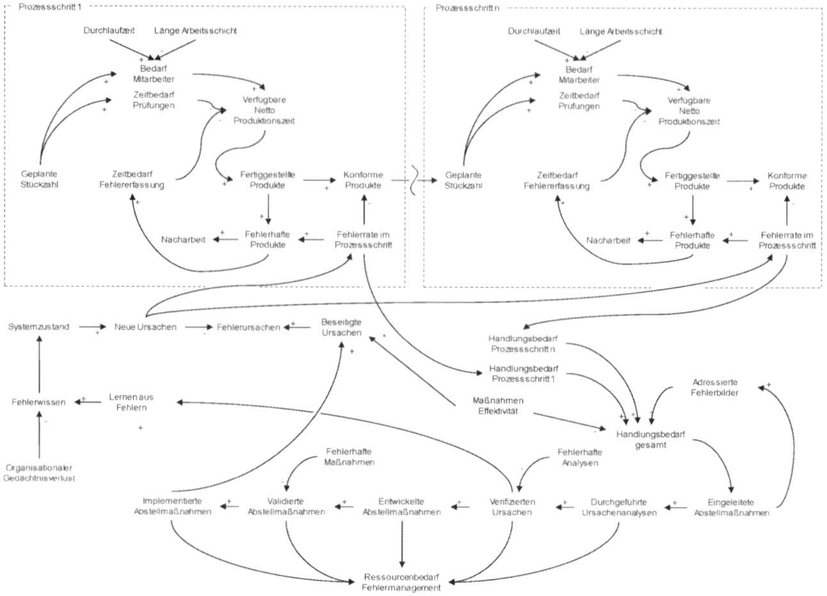

Abbildung 5-8: CLD-Diagramm des Gesamtmodells

5.3 Zielsystem zur Leistungsmessung der Fertigungskette

Das zu entwickelnde Simulationsmodell soll als Werkzeug zur Beantwortung der Forschungsfrage eingesetzt werden. Zu deren Beantwortung ist es notwendig, die Zeit zu bestimmen, die ein Mitarbeiter zur Montage eines konformen Produkts benötigt. Diese Kennzahl ist durch eine einfache Division gemäß Formel 1 zu berechnen. Der Dividend ist dabei die Zeit, die das Personal dem Unternehmen zur Verfügung steht. Die genommenen Pausen sind bereits subtrahiert, nicht jedoch alle Nebenzeiten, in denen keine Montage durchgeführt werden kann. Durch den vorherigen Abzug der Pausenzeiten kann vermieden werden, dass eine Verbesserung der Kennzahl durch Kürzung der Pausen erreicht wird.

Formel 1:

$$Zeitbedarf\ zur\ Produktion\ eines\ konformen\ Produkts = \frac{Verfügbare\ Arbeitszeit\ (brutto)}{Anzahl\ konformer\ Produkte}$$

Diese primäre Zielgröße muss in das zu entwickelnde Modell integriert werden. Weiterhin ist im finalen Simulationsmodell sicherzustellen, dass mögliche sekundäre Zielgrößen während der Simulation keine Verschlechterung erfahren.

6 Methode zur Quantifizierung der Fehlereintrittswahrscheinlichkeit

Das Modellkonzept benötigt eine Methode, die in der Lage ist, die Wahrscheinlichkeit zu bestimmen, mit der eine vorliegende Fehlerursache zu einem tatsächlichen Fehlereintritt führt – diese Wahrscheinlichkeit wird hier als Fehlereintrittswahrscheinlichkeit bezeichnet. In der vorliegenden Arbeit ist der Betrachtungsbereich auf die manuelle Montage eines Produkts durch das Personal limitiert. Daher wird die Zuverlässigkeit des Monteurs in Abhängigkeit der jeweiligen Aufgaben und Umgebungsbedingungen in dem betrachteten Prozessschritt als maßgeblicher Einfluss auf die Fehlereintrittswahrscheinlichkeit gesehen. Die Fehlereintrittswahrscheinlichkeit steht daher in direktem Zusammenhang mit der Zuverlässigkeit des Monteurs. In der VDI-Richtlinie 4006 ist menschliche Zuverlässigkeit definiert als *„die Fähigkeit des Menschen, eine Aufgabe unter vorgegebenen Bedingungen für ein gegebenes Zeitintervall im Akzeptanzbereich durchzuführen“*[153]. Entsprechende Methoden zur Berechnung einer solchen Wahrscheinlichkeit sind insbesondere in den Industrien verbreitet, in denen menschliche Fehler fatale Folgen haben können. Das ist beispielsweise in der Luft- und Raumfahrt oder dem Kernenergie-Sektor der Fall. Analog zur manuellen Montage besitzt auch hier der Mitarbeiter einen sehr großen Einfluss auf die Zuverlässigkeit des Prozesses.[154] In dieser sogenannten Risikoindustrie wird die „Probabilistische Sicherheitsanalyse (PSA)“ verwendet, um die Fehlerwahrscheinlichkeit des Menschen zu bestimmen. Die VDI-Richtlinie definiert die PSA als *„Analyse und quantitative Bewertung der Sicherheit eines komplexen, technischen Systems anhand von Zuverlässigkeitskenngrößen“*[155]. Auch in dieser Arbeit wird die Wahrscheinlichkeit für die fehlerhafte Durchführung einer Aufgabe benötigt. Zur Bestimmung einer solchen Wahrscheinlichkeit werden sogenannten Human-Reliability-Analysis-Verfahren (HRA-Verfahren) eingesetzt.[156] Die berechnete Wahrscheinlichkeit wird bei diesen Methoden als Human Error Probability (HEP) bezeichnet. Nach grundsätzlicher Betrachtung der Thematik Fehlereintrittswahrscheinlichkeit in der manuellen Montage (6.1) werden die zur Berechnung der HEP eingesetzten Methoden hinsichtlich ihrer Eignung zur Berechnung einer Fehlereintrittswahrscheinlichkeit bei manuellen Montagetätigkeiten analysiert (6.2), um nachfolgend eine dieser Konzepte den Anforderungen der industriellen Produktion anzupassen (6.3).

---

[153] Vgl. VDI-Gesellschaft Produkt- und Prozessgestaltung: Menschliche Zuverlässigkeit - Methoden zur quantitativen Bewertung menschlicher Zuverlässigkeit, 2003, S. 3

[154] Vgl. Gesellschaft für Reaktorsicherheit; Deutschland: Deutsche Risikostudie Kernkraftwerke, Phase B, 1990, S. 35 ff.

[155] Vgl. VDI-Gesellschaft Produkt- und Prozessgestaltung: Menschliche Zuverlässigkeit - Methoden zur quantitativen Bewertung menschlicher Zuverlässigkeit, 2003, S. 5

[156] Vgl. ebenda

6.1 Die Fehlereintrittswahrscheinlichkeit in der manuellen Montage

Im folgenden Kapitel werden Anforderungen der Produktion an die manuelle Montage hergeleitet und existierende Methoden hinsichtlich ihrer Eignung zur Berechnung der Fehlereintrittswahrscheinlichkeit in der manuellen Montage bewertet. In der manuellen Montage werden alle anfallenden Aufgaben durch einen Mitarbeiter ausgeführt. Er ist dazu auf Hilfsmittel, wie Werkzeuge, Arbeitsunterlage etc., angewiesen. Automatisierte Arbeitsvorgänge sollen in diesem Ansatz nicht betrachtet werden. Letztlich hat der Mensch selbst einen wesentlichen Einfluss auf die Frage, ob ein vorliegendes Problem (Root Cause) tatsächlich zu einem Fehlereintritt führt. Die Arbeit folgt dementsprechend der Hypothese, dass eine Methode zur Berechnung der Fehlereintrittswahrscheinlich in Anlehnung an die Methoden zur Berechnung der menschlichen Fehlerwahrscheinlichkeit definiert werden kann. Dazu werden zunächst die Grundlagen zur Berechnung der menschlichen Fehlerwahrscheinlichkeit betrachtet.

6.1.1 Grundlagen der menschlichen Fehlerwahrscheinlichkeit

In der Literatur wird bei der menschlichen Zuverlässigkeit zwischen zeitdiskreten und zeitkontinuierlichen Aufgabentypen unterschieden. Zeitdiskrete Aufgaben zeichnen sich dabei durch einen definierten Start- und Endzeitpunkt bzw. der Angabe einer Laufzeit aus. Daraus folgt, dass die Zeit in der Wahrscheinlichkeitsberechnung als konstanter Wert betrachtet wird. Die Fehlerwahrscheinlichkeit ist daher über die Zeit konstant. Eine Fehlerwahrscheinlichkeit, die sich über den Verlauf der Zeit ändert, ist unter anderem im Kernenergiebereich zu finden. In der industriellen Produktion ist der Einsatz von MTM (Methods-Time Measurement) weit verbreitet. Bei dieser Methode werden standardisierte Zeitbausteine eingesetzt, um Gesamtzeiten von Aufgaben zu kalkulieren.[157] Daher wird in der vorliegenden Arbeit die Betrachtung von zeitdiskreten Modellen fokussiert.

In ihrer ursprünglichsten Form wurde die Wahrscheinlichkeitsberechnung von LAPLACE beschrieben. Er führte aus, dass sich die Wahrscheinlichkeit eines Ereignisses durch die Division der Anzahl der günstigen Ereignisse durch die Anzahl aller möglichen Ereignisse berechnen lasse.[158] Die Wahrscheinlichkeit P berechnet ermittelt sich daher entsprechend der Formel 2.

Formel 2:

$$P(j) = \frac{A}{n}, j \in \{1, \dots, n\}$$

[157] Vgl. Bokranz, R.; Landau, K.: Handbuch Industrial Engineering, 2012

[158] Vgl. Fahrmeir, L.; Heumann, C., et al.: Statistik: Der Weg zur Datenanalyse, 2016, S. 173

In der Praxis wird diese Formel regelmäßig auf die tatsächlichen Beobachtungen beschränkt.[159] Daher wird hier die Anzahl der günstigen, beobachteten Ereignisse durch die Anzahl aller beobachteten Ereignisse dividiert.

Der angeführte HEP-Wert wird mit der Division der Anzahl der fehlerhaft durchgeführten Aufgaben durch die Anzahl aller durchgeführten Aufgaben berechnet (Formel 3).[160]

Formel 3:

$$HEP = \frac{Anzahl\ der\ fehlerhaft\ durchgeführten\ Aufgaben}{Anzahl\ aller\ durchgeführten\ Aufgaben}$$

Der HEP-Wert ist somit ein Schätzer für die menschliche Fehlerwahrscheinlichkeit. Im Zuge dieses Kapitels werden die Berechnungsmethoden des HEP als Grundlage verwendet, um einen Schätzer für die Fehlereintrittswahrscheinlichkeit zu definieren. In Verbindung mit HEP-Werten wird in der Literatur auch die Zuverlässigkeitswahrscheinlichkeit HRP (Human Reliability Probability) genannt. Sie ist die Gegenwahrscheinlichkeit der HEP.[161]

6.1.2 Anforderungen der manuellen Montage an die Methoden zur Wahrscheinlichkeitsberechnung

Zur Auswahl einer geeigneten Methode werden zunächst Anforderungen im Sinne der vorliegenden Forschungsarbeit definiert. Allgemein sollte die Methode zur Wahrscheinlichkeitsberechnung einen hohen Erfüllungsgrad folgender Merkmale aufweisen:

Berücksichtigung von internen und externen Einflussfaktoren

Neben den internen Einflussfaktoren (der Mensch selbst), spielen externe Einflussfaktoren (örtliche Gegebenheiten etc.) bei der Berechnung der betrachtenden Wahrscheinlichkeiten eine wesentliche Rolle. Auch für die manuelle Produktion beschreibt die Literatur arbeitsplatzbedingte Faktoren als direkten Einfluss auf die dort entstehenden Fehler.[162]

Übertragbar auf manuelle Montagetätigkeiten

Das Verfahren zur Berechnung der Fehlereintrittswahrscheinlichkeit sollte außerdem typische Situationen aus der manuellen Montage berücksichtigen können. Dieses eigentlich selbstverständliche Bewertungskriterium ist kritisch zu prüfen, da viele der Bewertungsmethoden aus

---

[159] Vgl. Boring, R. L.: Advances in Human Error, Reliability, Resilience, and Performance: Proceedings of the AHFE 2017 International Conference on Human Error, Reliability, Resilience, and Performance, July 17–21,2017, The Westin Bonaventure Hotel,Los Angeles, California, USA, 2017, S. 7

[160] Vgl. Heil, M.: Entstörung betrieblicher Abläufe, 2013, S. 65

[161] Vgl. Neudörfer, A.: Konstruieren sicherheitsgerechter Produkte: Methoden und systematische Lösungssammlungen zur EG-Maschinenrichtlinie, 2016, S. 173

[162] Vgl. Reason, J. T.; Hobbs, A.: Managing maintenance error, 2003

anderen Branchen stammen, in denen sich die Arbeitssituation des Menschen ggf. deutlich von denen einer manuellen Montage unterscheiden.

Detaillierungstiefe & Beschreibungsgenauigkeit

Die Detaillierungstiefe und Beschreibungsgenauigkeit der Methode sollte sich auf einer Ebene von einfachen Aufgabenbeschreibungen befinden, zum Beispiel das Anheben eines Gegenstandes von Fuß auf Brusthöhe, Einstecken eines Kabels etc., wünschenswert ist insbesondere ein Detaillierungsgrad im Sinne der in Abschnitt 6.1.1 erwähnten MTM.

In sich geschlossene Berechnungsvorschrift

Neben den inhaltlichen Anforderungen muss jeder in der Methode berücksichtigte Faktor auch eine quantitative Berechnung zulassen, ohne branchenspezifische Richtwerte oder ähnliches verwenden zu müssen. Notwendig ist dieses Kriterium, da bisher keine in der Produktion etablierte Berechnungsmethode identifiziert werden konnte und Referenzwerte entsprechend fehlen.

Wissenschaftliche Akzeptanz und Verbreitung

In dieser wissenschaftlichen Forschungsarbeit kann keine Methode als Grundlage für eine Erweiterung dienen, die über eine ausreichende Verbreitung und Akzeptanz verfügt. Geprüft wird daher die Existenz zitierfähiger Quellen in der Literatur, die eine hohe Beschreibungstiefe auf- und die praktische Anwendbarkeit nachweisen.

Einfache Anwendbarkeit

Zur Übertragung und Validierung des Forschungsergebnisses in die Praxis ist insbesondere die einfache Anwendbarkeit der Methode von großer Bedeutung. Die Erprobung und Validierung im Anwendungszusammenhang ist in der Forschungsmethode nach Ulrich (vgl. Kapitel 1.2) jederzeit zu beachten.

6.2 Berechnungsmethoden der menschlichen Zuverlässigkeit

In diesem Kapitel werden die existierenden Methoden zur Berechnung der Zuverlässigkeit analysiert und im Hinblick auf ihre Anwendbarkeit in der manuellen Produktion bewertet. Final wird die Methode mit dem höchsten Erfüllungsgrad der Anforderungen für eine Anpassung an die Anforderung der Produktion ausgewählt. Die Adaption diese Verfahrens ist Teil des darauffolgenden Abschnitts 6.3.

6.2.1 HCR

HANNAMAN ET AL. entwickelten 1984 das HCR (Human Cognitive Reliability)-Modell.[163] Mit Hilfe dieses Modells sollten mögliche Reaktionen von Operatoren bei kritischen Zwischenfällen in Kernkraftwerken beurteilt werden. In dieser Methode ist der Zusammenhang zwischen verfügbarer Zeit und Fehlerwahrscheinlichkeit von zentraler Bedeutung, er geht auf die experimentelle Fehlerforschung zurück. [164] [165]

HENNINGS ET AL. beschreiben zu dieser Methode insgesamt vier Schritte zur Ermittlung der Wahrscheinlichkeit:[166]

1. Ermittlung der zur Verfügung stehenden und der tatsächlich benötigten Zeit
2. Kognitive Beanspruchungen des Personals nach dem Modell von RASMUSSEN
3. Erfahrung des Personals, Stresslevel und Ergonomie der Schnittstelle
4. Ermittlung der Fehlerwahrscheinlichkeit mittels einer Weibullverteilung

Im Fokus dieser Methode steht insbesondere der Zusammenhang zwischen „Stress" des Personals in kritischen Situationen und Erfolgswahrscheinlichkeit der richtigen Reaktion. In der manuellen Montage ist die Berücksichtigung von Stress in unerwarteten Gefahrensituationen bei der Durchführung der Aufgaben in der Regel nicht von besonderer Bedeutung.

6.2.2 SLIM-MAUD

Die Methode SLIM-MAUD (Success Likelihood Index Methodology - Multi Attribute Utility Decomposition) ist eine Erweiterung des SLIM-Verfahrens und wird zur Analyse der Sicherheit in Kernkraftwerken eingesetzt, indem die menschliche Fehlerwahrscheinlichkeit bei sicherheitsrelevanten Tätigkeiten eingeschätzt wird.[167] Das Verfahren ermöglicht eine quantitative Bewertung der Fehlerwahrscheinlichkeit, die auf der Grundlage von Experteneinschätzungen berechnet wird. Grundsätzlich soll so ermöglicht werden, auch Situationen zu bewerten, für die keine ausreichende Datenbasis vorhanden ist. Dies ist der Tatsache geschuldet, dass den hochriskanten Bereichen durch den hohen Aufwand für die Fehlervermeidung auch wenig Fehler entstehen und so keine historischen Daten für alle möglichen Fehlerfälle vorliegen. [168] Dieses Fehlen der Daten wird durch die Expertenschätzung umgangen, welche jedoch mit Unsicherheit behaftet ist. Dies entspringt der Tatsache, dass die Qualifikation eines Mitarbeiters zur Einstufung als Experte nicht eindeutig geregelt ist.

---

[163] Vgl. Hannaman, G. W.; Spurgin, A. J., et al.: Human Cognitive Reliability Model for PRA Analysis., 1984
[164] Vgl. Hollnagel, E.: Cognitive Reliability and Error Analysis Method (CREAM), 1998, S. 133 f.
[165] Vgl. Weiner, I. B.; Healy, A. F., et al.: Handbook of Psychology, Experimental Psychology, 2003, S. 297
[166] Vgl. Hennings, W.; Mertens, J., et al.: Methodik der Risikoanalyse für Kernkraftwerke, 1995, S. 184
[167] Vgl. Bubb, H.: Ergonomie, 1995, S. 86
[168] Vgl. Wang, J.; Pillay, A.: Technology and Safety of Marine Systems, 2003, S. 55

Zunächst wird ein Handlungskomplex in mehrere Teilaufgaben zerlegt und anschließend die Performance Shaping Factors (PSF) durch Experten hinsichtlich ihres Einflusses auf die Fehlerrate gewichtet. Aus diesen Absolutwerten werden dann die relativen Bewertungen W_i berechnet. Zusätzlich müssen Experten auch die Aufgabenkomplexität und benötigte Zeit bewerten, um die Gewichtung R_{ji} zu bestimmen. Mit diesen beiden Größen lässt sich dann der sogenannte Success Likelihood Index (SLI) nach Formel 4 determinieren:[169]

Formel 4:

$$SLI_j = \sum_{i=1}^{n} R_{ji} * W_i$$

Über diese Formel kann der Effekt eines PSF und durch das Aufsummieren aller dieser Produkte der Gesamteffekt bestimmt werden. Mit Hilfe dieses Gesamteffektes kann wiederum die absolute Erfolgswahrscheinlichkeit für die Durchführung der betrachteten Aufgabe berechnet werden: Dazu wird eine logarithmische Transformation gemäß Formel 5 angewendet:

Formel 5:

$$\log(p) = a * SLI + b$$

Zur tatsächlichen Ermittlung müssen die noch die Konstanten a und b berechnet werden. Für die Bestimmung dieser Werte ist es erforderlich zwei Aufgaben zu verwenden, für die die Wahrscheinlichkeiten bereits bekannt sind.

6.2.3 SAINT

Die System Analysis of Integrated Networks of Tasks (SAINT) wurde für die US Air Force entwickelt und analysiert komplexe „Mensch- Maschine- Systeme" im Hinblick auf die menschliche Leistungsfähigkeit.[170] Die Methode verwendet grafische Modellierungselemente, in der mit Hilfe einer Software Netzwerke abgebildet werden können. Die Software ermöglicht eine Systemanalyse bezüglich einer Fehlerfortpflanzung im Gesamtsystem. Die Methode kann zwar nicht direkt HEP-Werte berechnen, kann aber genutzt werden, um den HEP-Wert für ein Gesamtsystem zu berechnen.[171] Aus diesem Grund wurde es zum Beispiel auch von BRAUSER zur Entwicklung des EAST verwendet.

In der SAINT lassen sich als viele kleine Teilaufgaben, für die alle Werte bekannt sind, zu einem komplexen Gesamtsystem verschalten.[172] Mit Hilfe einer Simulation über diese ver-

---

[169] Vgl. Gertman, D. I.; Blackman, H. S.: Human Reliability and Safety Analysis Data Handbook, 1994, S. 55 f.

[170] Vgl. Gray, W. D.: Integrated Models of Cognitive Systems, 2007, S. 35

[171] Vgl. ebenda

[172] Vgl. Gray, W. D.: Integrated Models of Cognitive Systems, 2007, S. 36

knüpften Teilaufgaben in einer Software kann die Fortpflanzung eines Fehlers im Gesamtsystem dargestellt werden. So lassen sich die Auswirkungen eines Fehlers in einer Teilaufgabe auf das Verhalten des Gesamtsystems identifizieren. Ein typischer Baustein für solche Teilaufgaben ist in Abbildung 6-1 dargestellt.

Abbildung 6-1: Symbol für einen Aufgabenelement der SAINT-Methode[173]

6.2.4 HEART

Die Human Error Assessment and Reduction Technique (HEART) bietet im Vergleich zu anderen Verfahren zur Quantifizierung von Fehlerwahrscheinlichkeiten eine relativ einfache und schnelle Vorgehensweise[174]. Gerade wegen dieser Einfachheit der Anwendung war sie insbesondere in Großbritannien in den 90er Jahre das am häufigsten genutzte Verfahren.[175] Auch hier werden PSF, die die Fehlerwahrscheinlichkeit beeinflussen, verwendet. Besonders praxisnah wird die Methode durch die Verwendung von experimentellen Nachweisen und zur Bewertung der betrachteten Aufgaben. In der Anwendung werden drei wesentliche Schritte durchlaufen:

1. Einordnung der betrachteten Aufgabe in einen Standardkatalog
2. Bestimmung der Fehlerwahrscheinlichkeit
3. Ableitung von Maßnahmen zur Fehlervermeidung

Zur Definition der auszuführenden Tätigkeit stehen den Experten zunächst neun Standaufgabentypen zur Verfügung. Für jeden dieser Aufgabentypen wurde bereits eine Basisfehlerwahrscheinlichkeit durch Experimente ermittelt. Nachdem die Aufgabentypen zugeordnet wurden, und auf diese Weise die Basisfehlerwahrscheinlichkeiten identifiziert wurden, können aus einer Liste die – als relevant angesehenen – fehlererzeugenden Bedingungen gewählt werden. Letztere entsprechen den leistungsbeeinflussenden Faktoren aus anderen Methoden, z.B. der SLIM-MAUD (vgl. Kap 6.2.2). Im nächsten Schritt werden die ausgewählten Faktoren relativ zueinander gewichtet. Als weitere spezifische Wirkung muss der zuverlässigkeitsmindernde

[173] Vgl. a. a. O.

[174] Vgl. Kirwan, B.: A Guide To Practical Human Reliability Assessment, 1994, S. 14

[175] Vgl. a. a. O., S. 290

Einfluss jedes Faktors bestimmt werden. Danach kann aus den einzelnen Basisfehlerwahrscheinlichkeiten die Fehlerwahrscheinlichkeit der gesamten Aufgabe gemäß Formel 6 berechnet werden:

Formel 6:

$$Fehlerwahrscheinlichkeit = BHEP \prod_{i=1}^{n} [1 + (K_i - 1) * r_i]$$

BHEP = Basisfehlerwahrscheinlichkeit

r_i = Relative Gewichtung der EPCs

K_i = Multiplikator für die Bestimmung der Einflussgrad der EPCs

6.2.5 THERP

Die Technique for human error rate prediction (THREP) stellt eine der populärsten Methoden zur Quantifzierung des Einflusses eines Menschen auf die Fehlerentstehung in einem Mensch-Maschine-System. Grundsätzlich lässt sicht das Verfahren in fünf Schritte unterteilen:[176]

1. Definition möglicher, von Menschen verursachter Systemfehler
2. Aufgabenanalyse der betroffenen Handlungen
3. Abschätzung der Fehlerwahrscheinlichkeit
4. Abschätzung der Auswirkungen auf das Gesamtsystem
5. Ableitung von Gestaltungsmaßnahmen und Neubewertung

Zur Quantifizierung der Fehlerwahrscheinlichkeit verwendet die THERP-Methode den Ereignisbaum nach Kuhlmann, dieser ist auch unter der Bezeichnung Probability Tree Diagram (PTD) bekannt..[177] In diesem Ereignisbaum werden alle Teilaufgaben des Personals aus der Aufgabenanalyse zusammengefasst. Der fertige Ereignisbaum lässt sich dann von oben nach unten lesen, verknüpft sind die einzelnen Ereignisses mit „Und", sowie „Oder"-Verknüpfungen. Zur Berechnung der finalen Wahrscheinlichkeit werden die Regeln der booleschen Algebra angewendet. Für diese Berechnung wird für jede einzelne Teilaufgabe eine Fehlerwahrscheinlichekeit (in Abbildung 6-2 durch Großbuchstaben gekennzeichnet) und die entsprechende Gegenwahrscheinlichkeit als Erfolgswahrscheinlichkeit (in Abbildung 6-2 durch Kleinbuchstaben gekennzeichnet) definiert. Zur Bestimmung der Einzelwahrscheinlichekiten in den Teilaufgaben werden Standardtabellen eingesetzt. Für die Nutzung dieser Tabellen müssen einzelne Tätigkeiten definiert und dann die wesentlichen Einflussfaktoren (PSF) subjektiv direkt am Tätigkeitsort bewertet werden.[178]

---

[176] Vgl. Gertman, D. I.; Blackman, H. S.: Human Reliability and Safety Analysis Data Handbook, 1994, S. 766

[177] Vgl. Salvendy, G.: Handbook of Human Factors and Ergonomics, 2012, S. 72

[178] Vgl. Spurgin, A. J.: Human Reliability Assessment Theory and Practice, 2009, S. 46

Anhand dieser Werte können die Einzelwahrscheinlichkeiten aus den Tabellen abgelesen werden. Nachdem diese im Fehlerbaum eingetragen wurden, kann die Gesamtmisserfolgswahrscheinlichkeit entsprechend Abbildung 6-2 berechnet werden. Teilweise sind Ereignisse voneinander abhängig, in dem Beispiel aus Abbildung 6-2 liegt dies beim dritten Ereignis vor. Für die Berechnung der Gesamtmisserfolgswahrscheinlichkeit werden in diesem Fall Korrekturformeln zur Verfügung gestellt.[179]

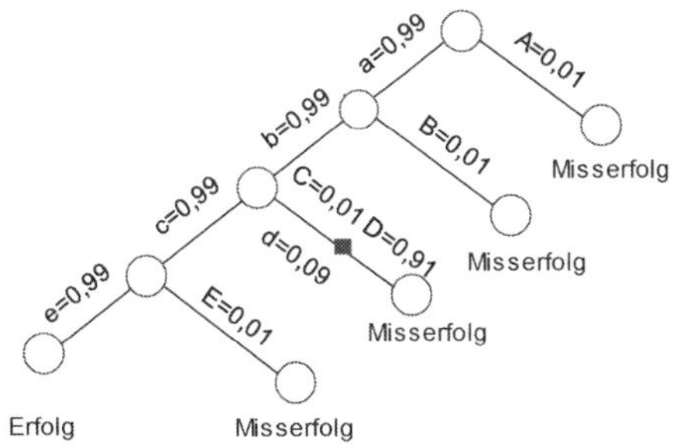

P (Gesamtmisserfolg) =
A
+ (a*B)
+(a*b*C*D)
+(a*b*C*d*E)
+(a*b*c*E)

Handlungen
A/a: Operateur unterlässt die Beauftragung der folgenden Aufgaben
B/b: Schichtpersonal unterlässt die Kontrolle des Schalters MU-13
C/c: Schichtpersonal unterlässt die Kontrolle bzw. das Öffnen der DH-Ventile
D/d: Fehlerkorrektur durch den Schichtleiter
E/e: Schichtpersonal unterlässt den Verschluss der DH-Räume

Abbildung 6-2: Beispiel eines THERP-Ereignisbaums[180]

6.2.6 MAPPS

Die Maintenance Personal Performance Simulation (MAPPS) ist ein stochastisches Modell zur Simulation des Verhaltens der Mitarbeiter in einem Kernkraftwerk. Das Modell berücksichtigt die Personen an sich, die Umgebung und die Motivation zur Vorhersage der Arbeitsqualität und Arbeitszeit bei Instandhaltungstätigkeiten.[181]

Auch hier findet eine Unterteilung der Aufgabe in einzelne Teilaufgaben statt. Die Erfolgswahrscheinlichkeiten in den einzelnen Teilaufgaben sind als Funktion der Differenz aus Anforderungen der Aufgabe und den tatsächlichen Fähigkeiten des Mitarbeiters dargestellt. Werden die Fähigkeiten des Mitarbeiters aus der Instandhaltung den Anforderungen gerecht oder übertreffen sie sogar, nimmt die notwendige Arbeitszeit ab, und die Erfolgswahrscheinlichkeit er-

[179] Vgl. Sträter, O.: Beurteilung der menschlichen Zuverlässigkeit auf der Basis von Betriebserfahrung, 1997, S. 61

[180] Vgl. Swain, H. E. G.: Handbook of Human Reliability Analysis with Emphasis on Nuclear Power Plant Applications, 1983, S. 720

[181] Vgl. Oak Ridge National Laboratory; Siegel, A. I., et al.: Maintenance Personnel Performance Simulation (MAPPS) Model: Description of Model Content, Structure, and Sensitivity Testing, 1984, S. 247

höht sich. Neben diesem wesentlichen Einfluss auf die Erfolgswahrscheinlichkeit berücksichtigt das Modell auch den Stress der Mitarbeiter, die Arbeitstemperatur, das Bewusstsein über eine hohe Strahlenbelastung während der Aufgabenbearbeitung, die getragene Kleidung, die vergangene Zeit zur letztmaligen Ausführung der Tätigkeit, die Leistungserwartung des Vorgesetzten, den Einsatz von Arbeitsgruppen zur Aufgabendurchführung, die Organisationskultur, die Kommunikation während der Aufgabenerfüllung und die Anzahl der verfügbaren Arbeitskräfte zur Aufgabenerfüllung. Für alle diese Einflüsse ist die Wirkung auf die Erfolgswahrscheinlichkeit festgelegt und kann von dem Modell zur Berechnung der Erfolgswahrscheinlichkeit der Aufgabe verwendet werden.[182]

6.2.7 ESAT

Das Expertensystem zur Aufgabentaxonomie (ESAT) wurde entwickelt, um eine beliebige Aufgabe in einem Mensch-Maschine-System in eine Zuverlässigkeitsklasse einzuteilen; insbesondere wird es zur Quantifizierung der Wahrscheinlichkeiten von Pilotenfehlern eingesetzt.[183] Das ESAT verwendet für diese Quantifizierung einen modularen Aufgabenkatalog, der von Experten erstellt wurde. Mit Hilfe dieses Standardkatalogs kann eine beliebige Aufgabe modelliert werden und ihre Erfolgswahrscheinlichkeit berechnet werden. Der große Vorteil liegt daher in der Reduktion des Berechnungsaufwandes, nachdem der Standardkatalog einmal erstellt wurde. [184]

Insgesamt setzt sich die Methode aus fünf Schritten zusammen:

1. Segmentierung der Aufgabe durch das Splitten in Teilaufgaben
2. Bestimmung der Schwierigkeitsvorgewichte und Elementarzeiten der Teilaufgaben
3. Gewichtung der leistungsbeeinflussenden Faktoren aus fünf vordefinierten Bewertungsbereichen
4. Berechnung des sogenannten Belastungsvektors
5. Bestimmung der Zuverlässigkeitsklasse und Fehlerwahrscheinlichkeit

Abbildung 6-3 bietet eine Übersicht zur ESAT-Methode.

---

[182] Vgl. a. a. O., S. 249

[183] Vgl. Brauser, K.: ESAT- Ein neues Verfahren zur Abschätzung der menschlichen Zuverlässigkeit, 1992, S. 2

[184] Vgl. Brauser, K.: Aufgabentaxonomie, 1990

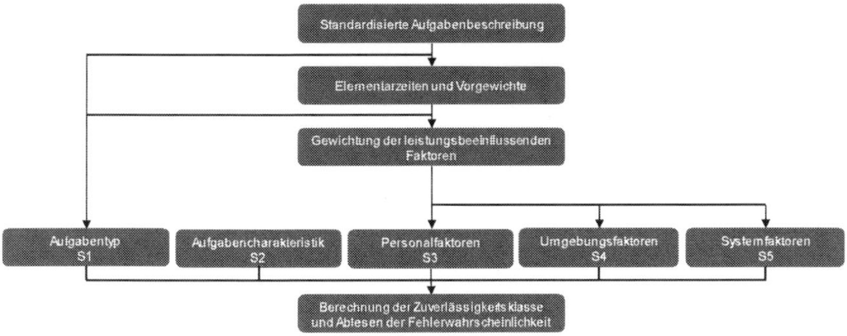

Abbildung 6-3: Vorgehensweise des ESAT-Verfahrens[185]

Auf Grundlage der Bewertung der einzelnen Bereiche (S_i) lässt sich erst der Belastungsvektor G (Formel 7) und unmittelbar daraus die Zuverlässigkeitsklasse Z (Formel 8) berechnen:[186]

Formel 7:

$$G = S_1 + S_2 + S_3 + S_4 + S_5$$

Formel 8:

$$Z = 1{,}2 * G * \log(G) + S_1$$

Aus dieser Zuverlässigkeitsklasse kann mit Hilfe von Abbildung 6-4 direkt die Fehlerwahrscheinlichkeit bestimmt werden. Die Zwischenwerte lassen sich hier durch lineare Interpolation bestimmen. [187]

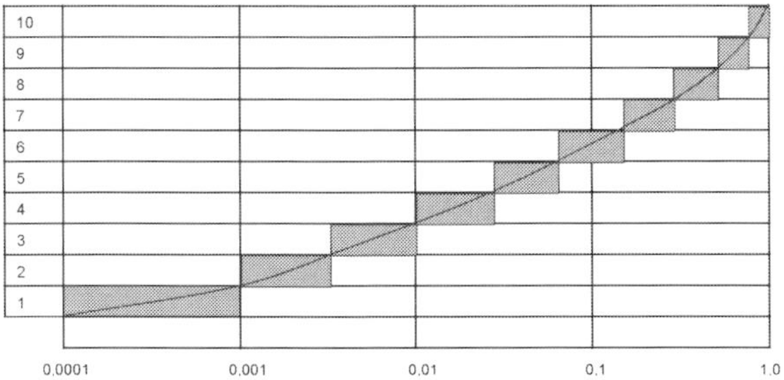

ZK	HEP_{min}	HEP_{max}
10	0,7	1
9	0,45	0,7
8	0,26	0,45
7	0,133	0,26
6	0,062	0,133
5	0,026	0,062
4	0,0096	0,026
3	0,0033	0,0096
2	0,001	0,0033
1	<0,0001	0,001

Abbildung 6-4: ESAT-Zuverlässigkeitsklassen und HEP-Werte[188]

---

[185] Vgl. Brauser, K.: ESAT- Ein neues Verfahren zur Abschätzung der menschlichen Zuverlässigkeit, 1992, S. 125
[186] Vgl. a. a. O., S. 22 ff.
[187] Vgl. Brauser, K.: Aufgabentaxonomie, 1990, S. 8
[188] Vgl. Brauser, K.: ESAT- Ein neues Verfahren zur Abschätzung der menschlichen Zuverlässigkeit, 1992, S. 124

6.2.8 CREAM

Die Cognitive Reliability and Error Analysis Method (CREAM) ist eine Quantifizierungsmethode der neueren Generation. Sie enthält die beiden Versionen „Basic“ und „Extended“. Dargestellt sind diese Versionen in Abbildung 6-5. Beide Varianten bestehen dabei aus jeweils drei Schritten.[189]

Die drei Schritte der Basismethoden sind: [190]

1. Aufgabenanalyse durch systematische Beschreibung der einzelnen Tätigkeiten.
2. Bewertung der leistungsbeeinflussenden Faktoren, ähnlich wie bei anderen Methoden. Besonders ist hier, dass auch Bewertungen mit negativem Einfluss möglich sind.
3. In Abhängigkeit von den definierten leistungsbeeinflussenden Faktoren kann auf den sogenannten Kontrollmodus geschlossen werden. Jeder Kontrollmodus besitzt dabei einen definierten Bereich von Wahrscheinlichkeiten. (siehe Abbildung 6-6)

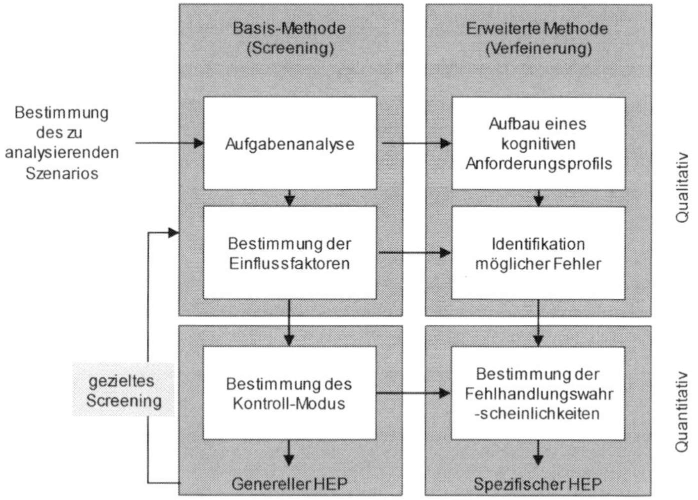

Abbildung 6-5: CREAM- Basic and Extended Methods[191]

[189] Vgl. Scholl, A.: Balancing and sequencing of assembly lines, 1999, S. 249

[190] Vgl. Hollnagel, E.: Cognitive Reliability and Error Analysis Method (CREAM), 1998, S. 240

[191] Vgl. a. a. O., S. 245

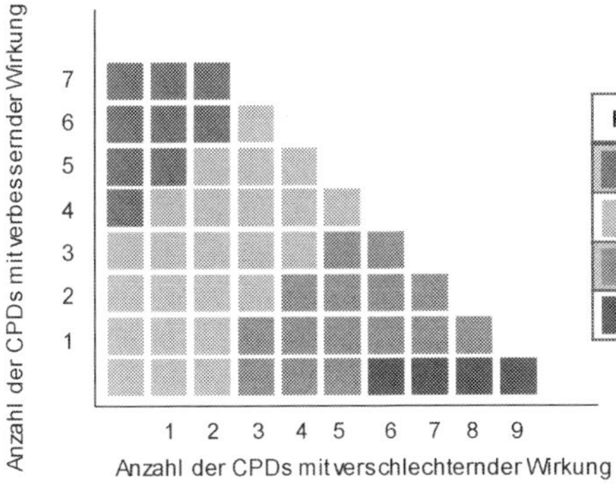

Kontrollmodus	HEP Intervall
Strategic	0,000005 < HEP < 0,01
Tactical	0,003 < HEP < 0,1
Opportunistic	0,01 < HEP < 0,5
Scrambled	0,1 < HEP < 1

Abbildung 6-6: Funktionsweise der CPC-Bewertungen

Die erweiterte Version enthält dabei optionale Verfeinerungen der Basis-Methode. Auch hier existieren drei verschiedene Schritte. Die Erweiterung geschieht dabei vor allem hinsichtlich der Berücksichtigung des kognitiven Aspekts zur Bestimmung der Fehlerwahrscheinlichkeiten.

Die drei Schritte der Erweiterung sind:

1. Aufbau eines kognitiven Anforderungsprofils der betrachteten Aufgabe
2. Identifikation von „kognitiven" Fehlertypen
3. Berechnung der spezifischen Fehlerwahrscheinlichkeit, entweder auf Basis des Kontrollmodus oder mit einer Rechenvorschrift, die die kognitiven Einflüsse stärker berücksichtigt.

6.2.9 Diskussion und Bewertung der Berechnungsmethoden

Anhand der Bewertungskriterien kann nun ein geeignetes Verfahren als Basis zur Entwicklung einer Quantifizierungsmethode für die Fehlereintrittswahrscheinlichkeit in der manuellen Montage identifiziert werden.

Berücksichtigung von internen und externen Einflussfaktoren

Zur umfassenden Bewertung ist sowohl die Berücksichtigung des Menschen selbst (interne Einflussfaktoren) als auch der Arbeitssituation an einer Montagestation (externe Einflussfaktoren) angedacht. Mit Ausnahme der SAINT-Methode berücksichtigen alle anderen betrachteten Methoden die zwei beschriebenen Arten von Einflussfaktoren mit unterschiedlichen Schwerpunkten. So umfasst die HCR-Methode kaum interne Einflussfaktoren und das SLIM-MAUD Verfahren kaum externe Einflussfaktoren.[192] Diese drei genannten Methoden scheiden

[192] Vgl. Sträter, O.: Beurteilung der menschlichen Zuverlässigkeit auf der Basis von Betriebserfahrung, 1997, S. 69

daher aufgrund der hier geforderten umfassenden Miteinbeziehung der internen und externen Einflussfaktoren zunächst für eine Anpassung auf die manuelle Serienproduktion aus.

Übertragbarkeit auf manuelle Montagetätigkeiten

Eine Methode im Sinne der Unterforschungsfrage muss geeignet sein, Tätigkeiten zu bewerten, die denen in der manuellen Montage ähnlich sind. Durch den Vergleich der genannten Methoden wird deutlich, dass sich diese grundsätzlich zwei Verfahrensarten zuordnen lassen – den dekompositionellen und den holistischen HRA-Methoden.[193]

Die dekompositionellen Verfahren spalten eine Gesamtsituation in mehrere Teilsituationen auf. Diese werden dann einzeln bewertet und durch die Aggregation der Ergebnisse auf die Gesamtsituation rückgeschlossen. Diese Gesamtsituation kann, bezogen auf die manuelle Montage, den Arbeitsinhalt des Prozessschrittes repräsentieren – die Teilsituationen entsprechen den einzelnen Aufgaben des Prozessschritts. Der Auflösungsgrad in den Teilsituationen variiert in den unterschiedlichen Verfahren. Zwei dekompositionelle Vorgehensweisen mit relativ hoher Auflösung sind das ESAT und das THERP.

Holistische Verfahren bewerten dagegen direkt die Gesamtsituation und schlüsseln die Situation nicht weiter auf[194]. Die detaillierte Erzeugung eines Abbilds der Realität in Form von Teilsituationen steht daher hier nicht im Fokus.[195] Diese holistischen Konzepte werden insbesondere zur Berechnungen von Wahrscheinlichkeiten in Bezug auf Notfallmaßnahmen verwendet und bewerten durch Zeit-Zuverlässigkeitskurven vorrangig kognitive Überwachungs- und Entscheidungsaufgaben.

Allgemein weisen holistische Verfahren mit hinreichender Detailierungstiefe eine höhere Übertragbarkeit auf die manuellen Montagetätigkeiten auf.[196]

Detaillierungstiefe & Beschreibungsgenauigkeit

Anschließend an das Kriterium der generellen Übertragbarkeit der Methoden auf die manuelle Montage wird in diesem Abschnitt auf die Angemessenheit der realisierbaren Detaillierungstiefe und Beschreibungsgenauigkeit eingegangen. Grundsätzlich reichen die betrachteten Methoden bezüglich ihrer Analysetiefe von einer sehr oberflächlichen Bewertung, wie zum Beispiel bei dem HEART Verfahren[197], bis zum CREAM Verfahren, das als HRA-Methode der zweiten Generation sehr komplex ist und eine enorme Analysetiefe und Genauigkeit bietet.

---

[193] Vgl. a. a. O., S. 70

[194] Vgl. a. a. O., S. 71

[195] Vgl. Fujita, Y.: Human reliability analysis, 1992, S. 72

[196] Vgl. Hennings, W.; Mertens, J., et al.: Methodik der Risikoanalyse für Kernkraftwerke, 1995, S. 185

[197] Vgl. Spurgin, A. J.: Human Reliability Assessment Theory and Practice, 2009, S. 38

Insgesamt besitzen die Methoden SLIM-MAUD, HRC und das genannte HEART Verfahren eine zur geringe Analysetiefe, um Montageaufgaben eines Mitarbeiters in der Produktion adäquat abzubilden. Als Referenz zur Bewertung dieses Kriteriums dient immer das etablierte MTM-Verfahren. Die Analysetiefe dieser Methode hat sich bereits in produzierenden Unternehmen etabliert (vgl. Kapitel 6.1.1 und 6.1.2).
Die Verfahren SAINT, MAPPS und ESAT sind detaillierter bezüglich der Beschreibungsmöglichkeit, insbesondere MAPPS berücksichtigt allerdings keine Durchführungszeiten von einzelnen Aufgaben. Für eine sehr hohe Analysetiefe kann neben dem CREAM Verfahren auch die THREP-Methode eingesetzt werden.

Geschlossene Berechnungsvorschrift

Eine geschlossene Berechnungsvorschrift bedeutet, dass die jeweilige Methode verwendet werden kann, um die Fehlerwahrscheinlichkeit in einer Tätigkeit zu beschreiben, ohne dass Referenzwerte von anderen Aufgaben oder ähnliche Ankerwerte notwendig sind.

Von den betrachteten Methoden erfüllen nur die drei Methoden ESAT, HEART und HCR diese Anforderung umfassend. So braucht beispielsweise das SLIM-MAUD Verfahren zwei Aufgaben als Referenz zur Berechnung der Wahrscheinlichkeit in der betrachteten Aufgabe. Diese Referenzaufgaben werden durch subjektive Expertenschätzungen bewertet.

Wissenschaftliche Akzeptanz und Verbreitung

Die wissenschaftliche Akzeptanz der Methoden ist mit Ausnahme der MAPPS[198] bei allen anderen Verfahren gegeben. Sie sind umfassend in der Literatur beschrieben und können teilweise eine jahrzehntelange praktische Erprobung vorweisen. Eine solche Beschreibung und praktische Erprobung existiert für die MAPPS nicht, daher ist die Validität nicht ohne weitere Untersuchungen gegeben. [199]

Einfache Anwendbarkeit

Für den Einsatz der Methoden innerhalb einer kostengetriebenen Produktion sollte die Anwendung der Methode einen möglichst geringen Zeitbedarf haben und einfach verständlich sein. Besonders intuitiv ist die Berechnung mit den Methoden ESAT, HEART und HCR.
Die Methoden THREAP, MAPPS Saint und CREAM beinhalten komplexe Berechnungen und benötigen teils sogar spezielle Software (SAINT). Zusätzlich ist das THREAP sehr an die Risikoindustrie angepasst, und eine Übertragung auf die manuelle Montage würde sehr umfangreiche Anpassungen notwendig machen. Bei der CREAM lässt sich zwar der sogenannte Basis HEP-Wert relativ leicht bestimmen, doch die genaue quantitative Analyse ist wiederum sehr komplex.

---

[198] Vgl. Segger, H. R.; Zimolong, B.: Möglichkeiten zur Verhinderung von Absturzunfällen, 1982

[199] Vgl. Hennings, W.; Mertens, J., et al.: Methodik der Risikoanalyse für Kernkraftwerke, 1995, S. 148

Zusammenfassung der Bewertung

In Tabelle 6-1 wurde die Bewertung der vorgestellten HRA-Verfahren nach dem Erfüllungsgrad der definierten Anforderungskriterien zusammengefasst. Das höchste Gesamtergebnis erzielten dabei die Methoden ESAT und HEART, wobei das HEART Verfahren insbesondere bei dem darstellbaren Detaillierungsgrad Defizite hat, die gegen eine Übertragung der Methode auf die manuelle Montagetätigkeit sprechen. Letztlich wird auf Basis dieser Bewertung das ESAT-Verfahren zur Anpassung und Weiterentwicklung ausgewählt.

Tabelle 6-1: Bewertung verschiedener HRA-Verfahren

0: ○ keine Erfüllung 1: ◔ 2: ◑ 3: ◕ 4: ● vollständige Erfüllung	Berücksichtigung von internen und externen Faktoren	Übertragbarkeit auf die manuelle Montagetätigkeit	Detaillierungstiefe & Beschreibgenauigkeit	Geschlossene Berechnungsvorschrift	Wissenschaftliche Akzeptanz und Verbreitung	Einfache Anwendbarkeit	Gesamtbewertung
SAINT[200]	○	◔	◑	○	◕	○	6
THERP[201]	◕	◑	◕	◔	◕	◔	13
SLIM-MAUD[202]	◔	◑	◔	◑	◑	◑	10
MAPPS[203]	◔	◕	◑	○	○	◔	7
HCR[204]	◔	◔	◔	◕	◑	◕	11
HEART[205]	◑	◑	◔	◕	◕	◕	14
ESAT[206]	◕	◕	◑	◕	◕	◕	17
CREAM[207]	◕	◔	◕	○	◕	○	10

[200] Vgl. Wortman, D. B.; Duket, S. D., et al.: Simulation using SAINT: A User-Oriented Instruction Manual., 1978

[201] Vgl. Swain, H. E. G.: Handbook of Human Reliability Analysis with Emphasis on Nuclear Power Plant Applications, 1983

[202] Vgl. Embrey, D. E.; Rosa, E. A., et al.: SLIM - MAUD: An SLIM SLIM-MAUD: An approach to assessing human error probabilities using structured expert judgment., 1984

[203] Vgl. Siegel, A. I.; Bartter, W. D., et al.: Maintenance Personnel Performance Simulation (MAPPS) Model: Description of Model Content, Structure, and Sensitivity Testing, 1984

[204] Vgl. Hannaman, G. W.; Spurgin, A. J., et al.: Human Cognitive Reliability Model for PRA Analysis., 1984

[205] Vgl. Williams, J. C.: Heart—A Proposed Method for Achieving High Reliability in Process Operation by Means of Human Factors Engineering Technology, 1985

[206] Vgl. Brauser, K.: ESAT- Ein neues Verfahren zur Abschätzung der menschlichen Zuverlässigkeit, 1992

[207] Vgl. Hollnagel, E.: Cognitive Reliability and Error Analysis Method (CREAM), 1998

6.3 Entwicklung einer Methode zur Berechnung der Fehlereintrittswahrscheinlichkeit in der manuellen Montage

In diesem Kapitel wird ein mathematisches Modell entwickelt, das im Stande ist, die Fehlereintrittswahrscheinlichkeit in der manuellen Montagestation zu prognostizieren. Hierbei stützt sich die Entwicklung unter anderem auf die ausgearbeiteten Erkenntnisse eines Experteninterviews. Darüber hinaus bildet die ESAT-Methode, als die HRA-Methode mit der höchsten Eignung, die methodische Grundlage für die Erarbeitung der Methode. Die Entwicklung findet daher in einer sukzessiven Modifizierung der ESAT-Methode statt und kann in drei Hauptschritte unterteilt werden:

1. Anpassung der Aufgabentaxonomie
2. Modifizierung der leistungsbeeinflussenden Faktoren
3. Anpassung der Zuverlässigkeitsklassen

Wie bereits erwähnt, basiert die ESAT-Methode auf taxonomisierten Tabellenwerken, in denen die Aufgabenelemente durch Elementarzeiten und Schwierigkeitsfaktoren vordefiniert sind. Die Beschreibung von Handlungskomplexen erfolgt dann durch die Zusammensetzung der vordefinierten Aufgabenelemente. Die in den ESAT-Tabellenwerken vordefinierten Aufgabenelemente sind an die Risikoindustrie angepasst[208] und können nicht für die Beschreibung von manuellen Montagestationen herangezogen werden. Daher muss im ersten Schritt eine Aufgabentaxonomie erarbeitet werden, mit der eine ausreichende Beschreibung von Montagestationen möglich ist. In einem zweiten Schritt werden die im ESAT eingeführten Einflussfaktoren auf Basis der durchgeführten Analysen geprüft und bei Bedarf mathematisch modifiziert. In einem letzten Schritt erfolgt die Modifizierung der im ESAT vorgegebenen Bewertungsskala und Zuverlässigkeitsklassen auf die realen Fehlerwahrscheinlicheiten in der manuellen Montage.

6.3.1 Zerlegung der Prozessschritte in Aufgaben

In der ESAT-Methode besitzen die Aufgabenelemente und verwendete Objekte vordefinierte Schwierigkeitsgrade, sogenannte Vorgewichte. Zusätzlich hat jedes Aufgabenelement eine Ausführungszeit. Die Vorgewichte repräsentieren in diesem Kontext den Schwierigkeitsgrad der Aufgaben in Bezug auf die Erhöhung der Fehlerwahrscheinlichkeit und sind von eins (geringes Ausführungsrisiko) bis zehn (erhöhtes Ausführungsrisiko) skaliert[209]. So hat zum Beispiel das „Steuern des Flugzeugs" durch den Piloten ein Vorgewicht von 10 und eine Ausführungszeit von 4-12 Sekunden. Das hierfür verwendete Objekt „Joystick" besitzt ebenfalls ein Vorgewicht von 10. Somit hat das „Steuern mit Joystick" ein Schwierigkeitsvorgewicht von 20.

---

[208] Vgl. Brauser, K.: ESAT- Ein neues Verfahren zur Abschätzung der menschlichen Zuverlässigkeit, 1992, S. 2 ff.

[209] Vgl. Brauser, K.: ESAT- Ein neues Verfahren zur Abschätzung der menschlichen Zuverlässigkeit, 1992, S. 3

Die Objekte und Ausführungszeiten aus der Luftfahrt entsprechen nicht den Objekten der manuellen Montage und müssen daher im Folgenden angepasst werden.

Für die Erstellung eines spezifischen Aufgabenkatalogs ist eine Analyse der Montagetätigkeiten unabdingbar. Neben der Berücksichtigung des Objekts (z.B. Führungsschiene) und der Aufgabe (z.B. verschrauben) wird dazu auch die Situation (z.B. beim Arbeiten über Kopf) berücksichtigt. Dieser zusätzliche Vorfaktor führt dazu, dass die Aufgabenbausteine insgesamt mit jeweils drei Vorgewichten und einer Ausführungszeit versehen werden. Eine Aufgabentaxonomie wird demnach gemäß der Vorlage in Tabelle 6-2 definiert.

Tabelle 6-2: Baustein zur Beschreibung von Montagetätigkeiten

Objekt X	Aufgabe Y	Situation Z	Summe der Vorgewichte	Ausführungs-zeit
Vorgewicht Objekt	Vorgewicht Aufgabe	Vorgewicht Situation	Vorgewicht Objekt + Vorgewicht Aufgabe + Vorgewicht Situation	[...] min

Die drei Vorgewichtskriterien werden in Anlehnung an das ESAT durch die Vergabe von Punkten auf einer Skala von 0-10 bewertet. Somit ergeben sich ein minimales Schwierigkeitsvorgewicht eines Aufgabenbausteins von 0 und eine maximales von 30. Zur Ermittlung dieser Vorgewichte wird die fünfstufige Likert-Skala[210] verwendet. Die Bewertung und Abstufung ergibt sich demnach gemäß Tabelle 6-3.

Tabelle 6-3: Abstufung der Schwierigkeitsvorgewichte anhand der Likert-Skala

Sehr Leicht	Leicht	Mittel	Schwer	Sehr Schwer
0	2,5	5	7,5	10

In Anlehnung an das ESAT wird die Bewertung der einzelnen Aufgabenbausteine durch Experten vorgenommen, indem sie einzelne Aufgaben der manuellen Montage gegeneinander abwägen. Die Bestimmung der Ausführungszeit kann auf Basis von historischen Werten, unternehmensspezifischen Vorgabezeiten oder Standardzeiten entsprechend des Methods-Time Measurement (MTM)[211] erfolgen.

6.3.2 Einflussfaktoren auf die Fehlereintrittswahrscheinlichkeit

Wie viele der Methoden verwendet auch das ESAT die PSF zur Quantifizierung des Einflusses von internen und externen Faktoren auf die Wahrscheinlichkeit. Diese PSF repräsentieren die verschiedenen Einflussfaktoren auf die Gesamtfehlerwahrscheinlichkeit. Zur Anpassung der ESAT an die manuelle Montage werden die einzelnen Berechnungsvorschriften und Umfänge auf ihre Einsetzbarkeit in der manuellen Montage überprüft und gegebenenfalls angepasst

[210] Vgl. Forschungsmethoden und Evaluation, 2006, S. 224

[211] Vgl. Bokranz, R.; Landau, K.: Handbuch Industrial Engineering, 2012

oder ersetzt. Die fehlerbeeinflussenden Faktoren werden im Folgenden als S_i bezeichnet. Diese leistungsbeeinflussenden Faktoren müssen nun für die manuelle Montage ermittelt oder aus der ursprünglichen Version des ESAT übernommen werden. Zur empirischen Erhebung der spezifischen Einflussfaktoren auf den Fehlereintritt sind mehrere Stufen geplant. Durchgeführt wird die Erhebung in der Vormontage eines Automobilherstellers. Der Anteil an manueller Montage beträgt im betrachteten Bereich mehr als 90%.

Vorgehen zur Anpassung der leistungsbeeinflussenden Faktoren:

- Qualitative Interviews und Prozessbeobachtung
- Erzeugung eines Fragebogens zur quantitativen Bewertung
- Durchführung der Fragebogenstudie
- Abgleich mit der ESAT und Anpassung auf die manuelle Montage

6.3.3 Qualitative Interviews und Prozessbeobachtung

Ziel der qualitativen Erhebung ist die Erfassung der Einflüsse auf die Fehlerentstehung. Gewählt wird für diese Erfassung ein exploratives Vorgehen. Dieses beabsichtigt das Aufdecken von Wirkungsbeziehungen, die zur Herleitung von Hypothesen genutzt werden können.[212] Als explorative Methode wird das Experteninterview gewählt, da dies als besonders zeiteffizient gilt, um Erfahrungswissen von Experten aufzuzeichnen.[213] Es wird hier die Definition nach MEUSER zugrunde gelegt, nach der ein Experte eine Person ist, die über privilegierten Zugang zu Informationen verfügt.[214]

Zur Erfassung des Expertenwissens wird der Montageprozess zunächst an mehreren Tagen beobachtet, Monteure, Vorarbeiter und Meister zu möglichen Einflüssen auf den Fehlereintritt befragt. Die so erhobenen potentiellen leistungsbeeinflussenden Faktoren werden den Kategorien S_i des ESAT zugeordnet, um eine Grundlage für eine quantitative Bewertung zu generieren.

S_1 Aufgabentyp

Die erste Kategorie zur Bestimmung des Einflusses des Aufgabentyps ist bereits so generisch ausgestaltet, dass kein hinreichender Grund für die Notwendigkeit einer Anpassung identifiziert werden konnte (vgl. Abschnitt 6.3.7). Das Vorgehen wird daher weitgehend übernommen, und keine neuen Faktoren werden zugeordnet.

---

212 Vgl. Brosius, H.-B.; Haas, A., et al.: Methoden der empirischen Kommunikationsforschung, 2012, S. 6

213 Vgl. Gläser, J.; Laudel, G.: Experteninterviews und qualitative Inhaltsanalyse als Instrumente rekonstruierender Untersuchungen, 2010, S. 12

214 Vgl. Meuser, M.; Nagel, U.: ExpertInneninterview, 2008, S. 369

S_2 *Aufgabencharakteristik*

Für die Aufgabencharakteristik konnten folgende Vorschläge für leistungsbeeinflussende Faktoren identifiziert werden:

- Anzahl der Varianten an einem Arbeitsplatz
- Schwierigkeitsgrad der Montagetätigkeiten
- Zur Verfügung stehende Montagezeit
- Anzahl der Tätigkeiten am Arbeitsplatz
- Festgelegte, nicht individuell beeinflussbare Taktzeit

S_3 *Personalfaktoren*

Für die Personalfaktoren konnten folgende Vorschläge für leistungsbeeinflussende Faktoren identifiziert werden:

- Motivation und Leistungsbereitschaft
- Arbeitserfahrung
- Qualitätsbewusstsein
- Zeitdruck
- Sorgen aus dem privaten Umfeld
- Motorische Fähigkeiten
- Gedächtnisvermögen
- Zufriedenheit mit der Aufgabe
- Technische Affinität
- Interesse am Produkt

S_4 *Umgebungsfaktoren*

Für die Aufgabencharakteristik konnten folgende Vorschläge für leistungsbeeinflussende Faktoren identifiziert werden:

- Ablenkung durch Handy, Musik und Unterhaltung
- Beleuchtung am Arbeitsplatz
- Geräuschkulisse während der Arbeit
- Mechanische Schwingungen und Vibrationen

***S_5* Systemfaktoren**

Für die Systemfaktoren konnten folgende Vorschläge für leistungsbeeinflussende Faktoren identifiziert werden:

- Ermüdung während der Arbeit
- Flexible Montagereihenfolge
- Aufholbetrieb
- Vorarbeiten

6.3.4 Erzeugung eines Fragebogens zur quantitativen Bewertung

Zur finalen Auswahl der geeigneten leistungsbeeinflussenden Faktoren wurde auf Basis der Vorschläge eine Mitarbeiterbefragung durchgeführt, die zum Ziel hatte, die Relevanz jedes einzelnen Vorschlags quantitativ zu bewerten. Bei der Gestaltung der Bewertungsskala wurde bewusst keine neutrale Auswahl zugelassen, um die Signifikanz der Unterschiede zwischen den Bewertungen der einzelnen Einflussfaktoren zu erhöhen. [215] Zur Bewertung stehen den Befragten fünf Möglichkeiten zur Auswahl. Sie können den Einfluss eines Faktors von „keinen Einfluss" bis „sehr großem Einfluss" bewerten. Dargestellt ist diese Bewertungsskala in Tabelle 6-4.

Tabelle 6-4: Bewertungsskala der Einflussfaktoren auf den Fehlereintritt

Kein Einfluss	Sehr geringer Einfluss	Geringer Einfluss	Großer Einfluss	Sehr großer Einfluss
0	1	2	3	4

6.3.5 Durchführung der Fragebogenstudie

Bei der Befragung der Mitarbeiter wurden nicht ausschließlich Monteure befragt, sondern mehrere Berufsgruppen, die mit der Montage in engem Kontakt stehen. So sollte der Effekt der Neigung zur positiven Darstellung durch den tatsächlich durchführenden Mitarbeiter möglichst gering gehalten werden (vgl. „Soziale Erwünschtheit"[216]). Befragt wurden letztlich die vier Berufs- bzw. Personengruppen „Qualität", „Mitarbeiter Produktion", „Vorarbeiter" und „Meister". Die genaue Aufteilung der Personengruppen ist in Abbildung 6-7 dargestellt.

[215] Vgl. Benjamin, G.: The Oxford Handbook of New York State Government and Politics, 2012, S. 121

[216] Vgl. Bachleitner, R.; Weichbold, M., et al.: Die Befragung im Kontext von Raum, Zeit und Befindlichkeit: Beiträge zu einer prozessorientierten Theorie der Umfrageforschung, 2010, S. 18

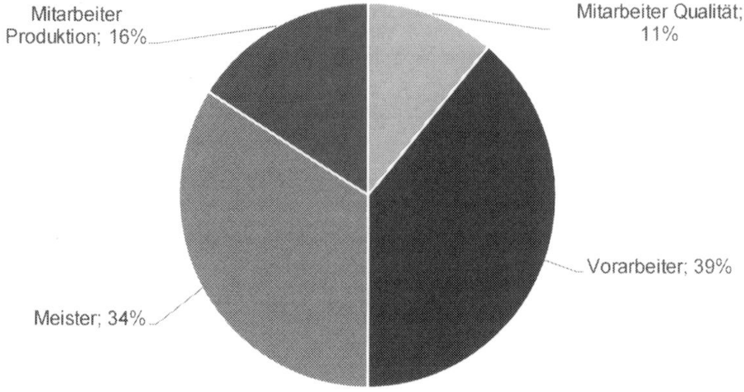

Abbildung 6-7: Befragte Personen zur Quantifizierung der Einflüsse auf den Fehlereintritt

Insgesamt wurden 100 Fragebögen versendet, von denen 54 ausgefüllt wurden. Vier dieser Exemplare konnten leider nicht zu Auswertung verwendet werden, da keine vollständige Beantwortung vorlag.

6.3.6 Abgleich mit der ESAT und Anpassung auf die manuelle Montage

In diesem Abschnitt werden die ausgewerteten Fragebögen in Abbildung 6-8 bis Abbildung 6-11 dargestellt. Zu sehen ist in jedem der Diagramme das arithmetische Mittel der 1-Sigma-Bereich zur Darstellung der Streuung in den Antworten. Neben der jeweiligen Bewertung ist die Auswahlentscheidung zur Aufnahme des Vorschlags als leistungsbeeinflussender Faktor in die Modellanpassung vermerkt. Um den Einsatzaufwand des angepassten ESAT nicht zu hoch werden zu lassen, sollen pro Kategorie zwei leistungsbeeinflussende Faktoren ausgewählt werden.

S_2 Aufgabencharakteristik

Die Auswertung der Aufgabencharakteristik ist in Abbildung 6-8 dargestellt. Zur Bewertung werden insbesondere die beiden Faktoren Anzahl der Varianten und der Schwierigkeitsgrad in die Modellanpassung übernommen. Zwei der Faktoren gehen bereits in der generischen Bewertung des Aufgabentypen auf und müssen hier nicht weiter berücksichtigt werden. Der Faktor fixe Taktzeit wurde aufgrund der geringsten Bewertung nicht in das Modell übertragen.

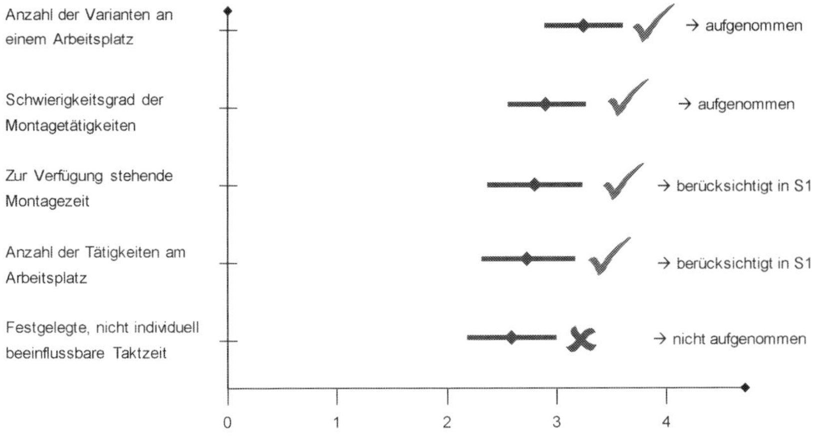

Abbildung 6-8: Auswertung der Befragung nach der Aufgabencharakteristik

S_3 Personalfaktoren

Die Auswertung bezüglich der potentiellen Personalfaktoren in Abbildung 6-9 zeigt, dass es eine Vielzahl von Vorschlägen mit hoher Bedeutung gibt. Allerdings erscheint die Messung vieler Faktoren nicht trivial (z.B. private Sorgen oder Interesse am Produkt). Bedingt durch diese aufwendige Bewertung werden hier nur die beiden wichtigsten Faktoren in die Anpassung aufgenommen.

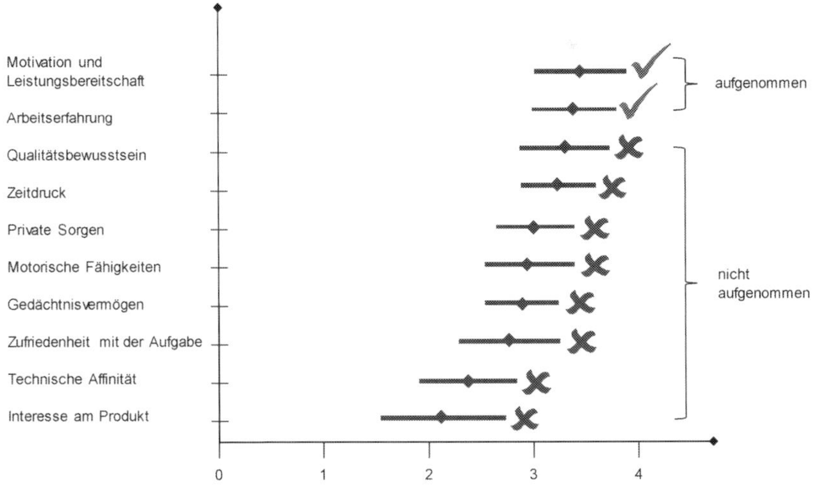

Abbildung 6-9: Auswertung der Befragung nach den Personalfaktoren

S_4 Umgebungsfaktoren

Die Auswertung der Umgebungsfaktoren (Abbildung 6-11) kommt zu dem Ergebnis, dass die Ablenkung des Monteurs durch das Handy, Musik oder andere Mitarbeiter die größte Bedeutung in Bezug auf den Fehlereintritt hat. Dieser Einfluss wird in der Regel durch weitreichende Verbote ausgeschlossen, daher werden die beiden nächstwichtigsten Faktoren in das Modell aufgenommen. Vernachlässigt werden die mechanischen Schwingungen und Vibrationen aufgrund der geringsten Gesamtbewertung.

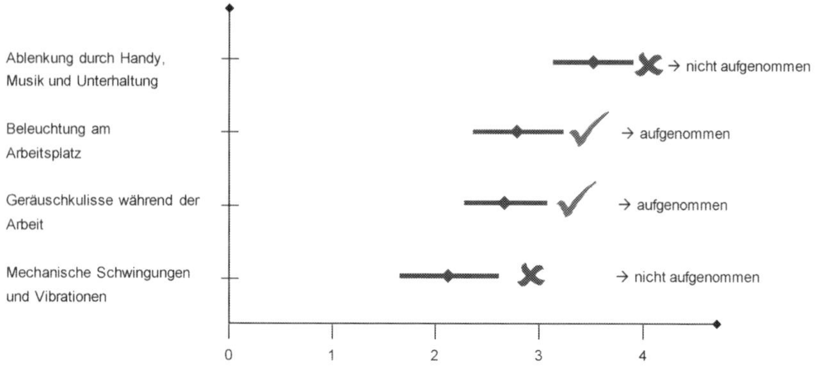

Abbildung 6-10: Auswertung der Befragung nach den Umgebungsfaktoren

S_5 Systemfaktoren

Die Auswertung der letzten Kategorie Systemfaktoren ist in Abbildung 6-11 dargestellt. Hier können alle Vorschläge als leistungsbeeinflussende Faktoren übernommen werden. Drei der Faktoren können unter dem Faktor Grad der Arbeitsorganisation zusammengefasst werden. Diese Zusammenfassung dient der vereinfachten Quantifizierung, da so auf eine etablierte Methode zurückgegriffen werden kann (vgl. Kapitel 6.3.11).

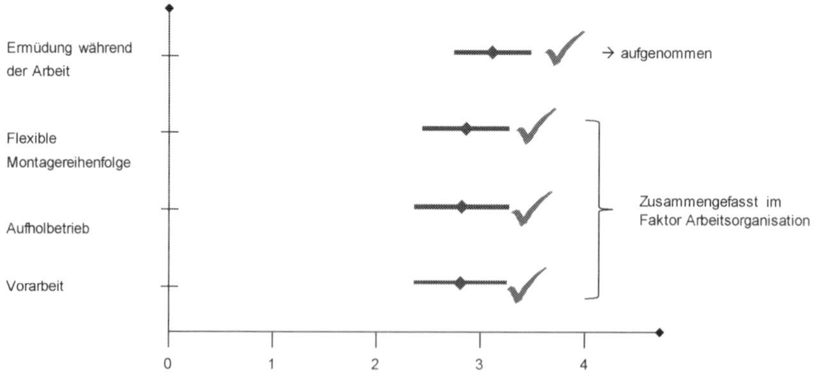

Abbildung 6-11: Auswertung der Befragung nach den Systemfaktoren

Zusammenfassung der Anpassung

In Abbildung 6-12 ist das Ergebnis der Anpassungen zusammengefasst. Die genaue Ausgestaltung der leistungsbeeinflussenden Faktoren ist Teil der folgenden Kapitel 6.3.7 bis 6.3.11.

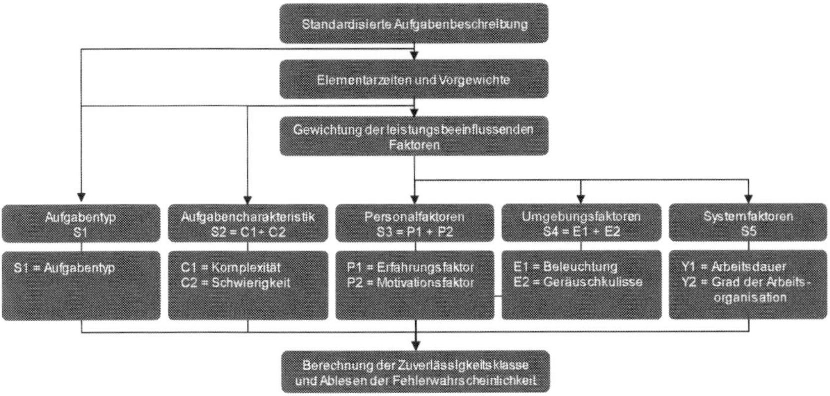

Abbildung 6-12: Finale Anpassung des ESAT

6.3.7 Der Aufgabentyp

Faktor S_1 beschreibt den Aufgabentyp. Im Fokus steht hier die kognitive Belastung des Mitarbeitenden durch die zeitgleiche Ausführung von mehreren Handlungen. Unterteilt werden die Handlungsarten dabei in diese fünf Kategorien:

- Wahrnehmung
- Detektion
- Mentale Verarbeitung
- Entscheidung
- Handlung

Die ESAT geht hierbei von der Annahme aus, dass die zunehmende kognitive Belastung des Menschen zu einer erhöhten Fehlerwahrscheinlichkeit führt.[217] Maßgeblich für die Berechnung des Faktors ist hier der prozentuale Anteil der Ausführungszeit der parallel ausgeführten Tätigkeiten, gemessen an der Gesamtausführungszeit. Das S_1 der ESAT liegt daher zwischen 1 (keine Tätigkeiten werden parallel ausgeführt) und dem Maximalwert 1,5[218] [219] (in mindestens 50% der Zeit werden Tätigkeiten parallel ausgeführt). Die Berechnung erfolgt dabei gemäß

[217] Vgl. Brauser, K.: Aufgabentaxonomie, 1990, S. 6

[218] Vgl. Schindele, H.: Planung qualitätsförderlicher Personalstrukturen im Fertigungsbereich, 1996, S. 46

[219] Vgl. Brauser, K.: Aufgabentaxonomie, 1990, S. 6

der Berechnungsvorschriften in Tabelle 6-5 Die Variable t_a steht dabei für die Gesamtausführungsdauer der Aufgabe

Tabelle 6-5: Berechnung des Faktors S_1 nach ESAT

Handlungsarten	Relativer Zeitanteil
Wahrnehmung	$t_1 = (t_{11}+...+t_{1j}) / t_a$
Detektion	$t_1 = (t_{11}+...+t_{1j}) / t_a$
Mentale Verarbeitung	$t_1 = (t_{11}+...+t_{1j}) / t_a$
Entscheidung	$t_1 = (t_{11}+...+t_{1j}) / t_a$
Handlung	$t_1 = (t_{11}+...+t_{1j}) / t_a$
Berechnung nach ESAT	**$S_1 = (t_1+t_2+t_3+t_4+t_5)$**

Die Auftrennung in die fünf Handlungsarten bei gleichzeitiger Berücksichtigung des Parallelisierungsgrades ist für einzelne Aufgaben sehr umfangreich. Hinzu kommt, dass Montagetätigkeiten in einer getakteten Fertigung in der Regel deutlich monotoner sind, und die Frequenz, mit der Aufgaben wiederholt werden, deutlich höher ist. Daher wird hier, in Anlehnung an die ESAT, der Anteil an kognitiv anspruchsvollen Aufgaben berücksichtigt. Kritischen Einfluss auf den Fehlereintritt haben damit solche Aufgaben, die eine besonders hohe Konzentration des Mitarbeiters erfordern. Der Faktor S_1 bestimmt sich daher gemäß Formel 9.

Formel 9:

$$S_1 = Min\{1,5; 1 + \frac{\sum_{i=1}^{n} t_{k_i}}{t_g}\}$$

S_1= Aufgabentyp

n = Anzahl der Aufgaben in einer Montagestation

t_k = Zeitbedarf für eine Aufgabe in [min]

t_g = Gesamtbearbeitungszeit an einer Montagestation

6.3.8 Aufgabencharakteristik

Die Aufgabencharakteristik S_2 setzt sich nach Anpassung des ESAT auf die manuelle Montage aus der Komplexität C_1 und der Schwierigkeit C_2 zusammen und berechnet sich somit gemäß Formel 10.

Formel 10:

$$S_2 = C_1 + C_2$$

C_1 = Komplexität

C_2 = Schwierigkeit

Die Komplexität einer Montagestation

Die vorherrschende Komplexität in einer Handlungsfolge bestimmt sich gemäß des ESAT durch die Anzahl der durchzuführenden Aufgaben. Sie folgt der Annahme, dass eine Zunahme der Aufgabenanzahl einen negativen Einfluss auf die fehlerfreie Durchführung hat.[220] Übertragen auf die manuelle Montage bedeutet dies, dass die Anzahl der durchzuführenden Aufgaben an nur einer Montagestation die Fehlereintrittswahrscheinlichkeit erhöht. Die ESAT bestimmt den Komplexitätsfaktor C_1 durch eine Division der Tätigkeitsanzahl mit der Konstante 15. In der Luft- und Raumfahrt liegen häufig ständige Aufgaben, wie das Steuern eines Flugzeugs vor, wo hingegen in der Montage eher kurze bis sehr kurze Einzelhandlungen vorgenommen werden, sodass schnell mehr als 15 Tätigkeiten vorliegen. Folglich sollte die Konstante entsprechend erhöht werden. Um bei allen Tätigkeiten eine Differenzierung zu ermöglichen, wird der Wert unternehmensindividuell auf die maximal mögliche Anzahl an Aufgaben der Stationen erhöht. Der Faktor C_1 kann dabei maximal den Wert 1 annehmen. Übertragen auf die manuelle Montage berechnet sich dieser somit gemäß Formel 11.

Formel 11:

$$C_1 = Min\,\{1;\ \frac{Anzahl\ der\ Aufgaben\ an\ einer\ Montagestation}{Anzahl\ der\ maximal\ möglichen\ Aufgaben}\}$$

Der Schwierigkeitsgrad der Montagestation

Gemäß der ESAT wird der Schwierigkeitsgrad bereits durch die Vorgewichte ermittelt. Diese Werte können übernommen werden. Zur Bewertung der Schwierigkeit einer Montagestation wird daher der Durchschnitt der Schwierigkeiten über alle Aufgaben verwendet. Da nicht jede Aufgabe dieselbe Ausführungszeit in Anspruch nimmt, wird die relative Dauer einer Aufgabe – gemessen an der Gesamtzeit der Montagestation – als Gewichtungsfaktor verwendet. Die Schwierigkeit einer Montagestation bestimmt sich somit gemäß Formel 12. Auch hier beträgt der Maximalwert 1.

Formel 12:

$$C_2 = Min\{1;\ \frac{1}{n}\sum_{k=1}^{n}\frac{t_k}{t_g}d_k\}$$

d_k = Schwierigkeitsvorgewicht der Aufgabe

t_k = Durchführungszeit der Aufgabe k

t_g = Gesamtausführungszeit an der Montagestation

---

[220] Vgl. Brauser, K.: Aufgabentaxonomie, 1990, S. 6

6.3.9 Personalfaktoren

Der Personalfaktor S_3 ergibt sich gemäß

Formel 13 durch Addition der Einzelwertungen der Erfahrung und Motivation des Mitarbeiters an der Montagestation.

Formel 13:

$$S_3 = P_1 + P_2$$

S_3 = Personalfaktor
P_1 = Erfahrungsfaktor
P_2 = Motivationsfaktor

Erfahrungsfaktor an der Montagestation

Die ESAT berücksichtigt den Einfluss der Erfahrung des Menschen auf die erfolgreiche Ausführung der Tätigkeit und bezeichnet diesen Faktor als Übungsrate. Dazu bewertet ein Experte die Erfahrung auf einer Skala von 0 (sehr erfahren) bis 1 (sehr unerfahren). Alternativ zu dieser Methode empfiehlt die ESAT die Verwendung einer Exponentialfunktion zur Beschreibung der Übungsrate.[221] Diese Übungsrate kann hier als Lerneffekt verstanden werden, der eine Leistungsverbesserung in Abhängigkeit zu der Anzahl der durchgeführten Wiederholungen beschreibt.[222] Durch Übung einer Tätigkeit entsteht eine kontinuierliche Abnahme der physiologischen und psychologischen Belastung für den Menschen, was positiven Einfluss auf die fehlerfreie Durchführung der Tätigkeit hat.[223] Zur präzisen Beschreibung des Erfahrungsfaktors an einer Montagestation liegt die Herausforderung somit in der Identifizierung einer für manuelle Montagetätigkeiten geeigneten Lernkurve. Viele etablierte Lernkurven gehen dabei von der kontinuierlichen Wiederholung der gleichen Tätigkeiten ohne Unterbrechungen aus. In der manuellen Montage wird jedoch nicht jede Einzelaufgabe ständig ohne Unterbrechung wiederholt. Der Mitarbeiter wechselt vielmehr zwischen einzelnen Aufgaben. So platziert er beispielsweise zunächst ein Bauteil, um es dann zu verschrauben und eine Funktionsprüfung durchzuführen. Das bedeutet, zwischen der Durchführung von zwei Verschraubungen entsteht somit eine Pause. Übertragen auf die Modellierung heißt dies, dass der verwendete Ansatz sowohl die Lerneffekte durch die Anzahl der Wiederholungen als auch das Vergessen bzw. eine Verminderung des Lerneffekts durch die Unterbrechung der Tätigkeit berücksichtigen muss. Diese Effekte werden zum Beispiel von Modellen nach SHAFFER ET AL.[224] und DUFFEY[225]

---

[221] Vgl. Brauser, K.: ESAT- Ein neues Verfahren zur Abschätzung der menschlichen Zuverlässigkeit, 1992, S. 134
[222] Vgl. Frieling, E.: Lernen durch Arbeit, 2006, S. 55
[223] Vgl. Schindele, H.: Planung qualitätsförderlicher Personalstrukturen im Fertigungsbereich, 1996, S. 73
[224] Vgl. Shafer, S. M.: The Effects of Worker Learning, Forgetting, and Heterogeneity on Assembly Line Productivity, 2001, S. 1639 ff.
[225] Vgl. Duffey, R.: The Probability and Statistics of Human Error, 2006, S. 741 ff.

mit einbezogen. DUFFEY definiert dabei direkt eine Gleichung zur Berechnung der minimalen Fehlerrate. Der Einfluss der Erfahrung des Mitarbeiters bestimmt sich daher gemäß Formel 14. [226]

Formel 14:

$$P_1 = min\,\{1\,;\,F_m + (F_0 - F_m) * e^{k\varepsilon}\}$$

P_1 = Erfahrungsfaktor

F_0 = Maximale Fehlerwahrscheinlichkeit

F_m = Minimale Fehlerwahrscheinlichkeit

k = Lernrate

ε = Übungsrate

F_0 steht dabei für die maximal mögliche Fehlerrate. Ein völlig ungeübter Mitarbeiter könnte zunächst keine fehlerfreie Montage durchführen. Der Parameter wird daher auf 1 (100% Fehlerwahrscheinlichkeit) festgelegt. F_m hingegen beschreibt eine minimal anzunehmende Fehlerrate, bei einem perfekt geübten Mitarbeiter. Im ESAT wird die minimale Fehlerwahrscheinlichkeit mit 0,001 angegeben. Das entspricht einer langfristigen Prozessqualität[227] von ca. 3.1 Sigma. Um die typischen Anforderungen einer industriellen Produktion realistisch darzustellen, sollte eine Prozessqualität von 6 Sigma zumindest annähernd vom Modell abgedeckt werden. Das entspricht einer Fehlerrate von 0,0000044. Auch die REFA[228] gibt hier eine ähnliche Fehlerrate von 0,000005 an, die zur Bestimmung der minimalen Fehlerwahrscheinlichkeit verwendet werden könnte. F_m wird im Modell daher mit 0,000005 angenommen. Der Parameter k bestimmt die Lernrate und wird von DUFFEY mit dem Wert 3 belegt, um Lern- und Vergesslichkeitsaspekte zu berücksichtigen.[229] Dieser Wert wird zunächst auch für die manuelle Montage übernommen.

Der Parameter ε beschreibt die Erfahrung des Menschen in der jeweiligen Aufgabe. Er steht damit in direktem Zusammenhang mit der Anzahl der bereits durchgeführten Wiederholungen und wird auf eine Schicht und einen Mitarbeiter bezogen definiert – d.h. wie viele Wiederholungen führt ein Mitarbeiter pro Schicht durch? Daher bestimmt sich der ε gemäß

Formel 15. [230]

Formel 15:

---

[226] Vgl. ebenda

[227] Vgl. Schmitt, R.; Heinrichs, V., et al.: Basiswissen Qualitätsmanagement, 2015, S. 195 f.

[228] Vgl. Verband für Arbeitsstudien - REFA: Methodenlehre des Arbeitsstudiums, 1984

[229] Vgl. Duffey, R.: The Probability and Statistics of Human Error, 2006, S. 743

[230] Vgl. ebenda

$$\varepsilon = \frac{n_{Whd}}{n_{Schicht} * n_{FTE}}$$

n_{Whd} = Anzahl der Wiederholungen pro Monat

$n_{Schicht}$ = Anzahl der Schichten pro Monat

n_{FTE} = Anzahl der Mitarbeiter an der Montagestation in FTE (Full-Time-Equivalents)

ε = Übungsrate

Die Motivation

Die Motivation hat gemäß des ESAT einen relevanten Einfluss auf die erfolgreiche Durchführung einer Aufgabe. Auch hier wird die Motivation pauschal durch einen Experten auf einer Skala von 0 bis 1 bewertet. Zur objektiven Bewertung der Motivation in der manuellen Montage soll eine geeignetere Methode definiert werden.

In der manuellen Montage kann eine gesteigerte Motivation eines Mitarbeiters als Steigerung seiner physischen und psychischen Leistung verstanden werden.[231] Bezüglich dieser Motivationssteigerung spielen Arbeitsorganisation und -mittel eine zentrale Rolle.[232]

So wurde von HACKMANN UND OLDHAM ein Modell entwickelt, um die motivationsfördernden Bedingungen innerhalb der Arbeitssituation zu identifizieren. Das Modell wird als Job-Characteristics-Model bezeichnet.[233] Dieses Modell benennt drei Grundbedingungen, die vorherrschen müssen, damit ein Mitarbeiter durch Ausführung seiner Tätigkeit motiviert wird, seine Leistung zu steigern[234]:

- Informationen über die aktuelle Qualität der eigenen Arbeit
- Erlebte Verantwortung für die Ergebnisse der Arbeit
- Erlebte Bedeutsamkeit der eigenen Arbeit

Die jeweilige Ausprägung dieser drei Grundbedingungen kann durch Bestimmung von fünf charakteristischen Merkmalen der Aufgabe erfolgen. Der Motivationsfaktor an einer Montagestation errechnet sich daher gemäß
Formel 16.[235]

Formel 16:

$$P_2 = min\{1\,;\ \frac{V + G + B}{3} * A * R\}$$

---

[231] Vgl. Hacker, W.: Allgemeine Arbeitspsychologie, 2005, S. 313

[232] Vgl. a. a. O., S. 312

[233] Vgl. Friedemann W. Nerdinger: Arbeits- und Organisationspsychologie, 2014, S. 424 f.

[234] Vgl. Evans, J. R.; Lindsay, W. M.: Managing for quality and performance excellence, 2008, S. 287 f.

[235] Vgl. Mullins, L. J.: Management and organisational behaviour, 2009, S. 281

P_2 = Motivationsfaktor

V = Variety

G = Identity

B = Significance

A = Autonomy

R = Feedback

Der Faktor V beschreibt dabei die „skill variety“, ist also ein Indikator dafür, wie abwechslungsreich die Durchführung einer Aufgabe ist. Der Faktor G repräsentiert die Ganzheitlichkeit der durchgeführten Aufgabe, d.h. wie umfassend der jeweilige Arbeitsschritt einen Beitrag zum fertigen Produkt und dessen Funktion bzw. Teilprodukt oder -funktion leistet. Faktor A beschreibt die Eigenständigkeit des Mitarbeiters bei der Aufgabendurchführung. Faktor R beinhaltet das Feedback, das ein Mitarbeiter zu seiner Aufgabendurchführung erhält.[236]

Die Quantifizierung der Parameter wird durch eine Mitarbeiterbefragung vorgenommen und als „Job Diagnostic Survey“ bezeichnet.[237] [238] Für die Bestimmung des Einflusses der Motivation auf die Fehlereintrittswahrscheinlichkeit wird auch an dieser Stelle eine fünfstufige Likert-Skala[239] angesetzt. Durch die Bewertung der Motivation anhand der fünf Kriterien kann keine vollständig objektive Bewertung erzielt werden, allerdings ermöglicht sie eine stärker differenzierte, subjektive Bewertung des Einflusses auf die Fehlereintrittswahrscheinlichkeit.

Tabelle 6-6: Abstufung Parameterwerte zur Messung der Motivation anhand der Likert-Skala

Sehr Hoch	Hoch	Mittel	Gering	Sehr Gering
0,1	0,25	0,5	0,75	1

6.3.10 Umgebungsfaktoren

Der Umgebungsfaktor S_4 setzt sich nach Anpassung der ESAT auf die manuelle Montage aus der Beleuchtung am Arbeitsplatz E_1 und der Geräuschkulisse E_2 zusammen und berechnet sich somit gemäß Formel 17.

Formel 17:

$$S_4 = E_1 + E_2$$

[236] Vgl. Hackman, J. R.; Oldham, G. R.: Work redesign, 1980, S. 306

[237] Vgl. Hackman, J. R.; Oldham, G. R.: Development of the job diagnostic survey, 2006, S. 256 ff.

[238] Vgl. Hackman, J. R.; Oldham, G. R.: The job diagnostic survey, 1974

[239] Vgl. Forschungsmethoden und Evaluation, 2006, S. 224

S_4 = Umgebungsfaktor

E_1 = Beleuchtung am Arbeitsplatz

E_2 = Geräuschkulisse

Beleuchtung am Arbeitsplatz

In der ESAT wird der Einfluss der Beleuchtung auf die Zuverlässigkeit des Menschen beim Verrichten seiner Tätigkeit berücksichtigt. Auch hier bewertet ein Experte die visuellen Verhältnisse am Arbeitsplatz auf einer Skala von 0 bis 1.[240] Die Arbeitswissenschaften sehen eine optimale Beleuchtung am Arbeitsplatz als wichtigen Einflussfaktor auf ein fehlerfreies Arbeiten.[241] Um objektiv prüfen zu können, ob eine optimale Beleuchtung am Arbeitsplatz vorliegt, ohne auf die subjektive Einschätzung eines Experten zurückgreifen zu müssen, sind entsprechende Richtwerte zu identifizieren. Solche Richtwerte werden in der DIN EN 12464-1[242] für die Auslegung von Arbeitsplätzen vorgegeben. Abhängig von der durchzuführenden Tätigkeit sind hier entsprechende Richtwerte angedacht. In Tabelle 6-7 ist ein Auszug der Beleuchtungsrichtwerte in Abhängigkeit von den Tätigkeiten dargestellt.

Tabelle 6-7: [243]Richtwerte zur Beleuchtung des Arbeitsplatzes

Art der Aufgabe (Innenraum)	E [Lux]
Grobe & mittlere Maschinentätigkeiten	300
Feine Maschinenarbeiten	500
Anreißen, Kontrolle	750
Verarbeitung von schweren Blechen	200
Verarbeitung von leichten Blechen	300
Herstellung von Werkzeugen und Schneidewaren	750
Montagearbeiten • Grob • Mittelfein • Fein • Sehr fein	 • 200 • 300 • 500 • 750
Werkzeug-, Lehren-, Präzisions- & Mikromechanik	1000

[240] Vgl. Brauser, K.: Aufgabentaxonomie, 1990, S. 40

[241] Vgl. Hompel, M. ten; Sadowsky, V., et al.: Kommissionierung, 2011, S. 120

[242] Vgl. Deutsches Institut für Normung; Fachverband Elektroleuchten: Leitfaden zur DIN EN 12464-1, 2006

[243] Vgl. a. a. O., S. 29

Diese vorgegebenen Richtwerte ermöglichen eine schnelle und objektive Bewertung des Beleuchtungseinflusses auf die Fehlereintrittswahrscheinlichkeit unter Zuhilfenahme des Vorgehens nach ESAT. Der Einflussfaktor Beleuchtung muss hier ebenfalls auf einer Skala von 0 bis 1 bewertet werden. Es wird der Annahme gefolgt, dass bis zu einer gewissen Unterschreitung des optimalen Beleuchtungsniveaus kein Einfluss auf die Fehlereintrittswahrscheinlichkeit gegeben ist. Zur dieser Festlegung eines relativen Schwellenwertes wird die Verhältnisgrenze von VAN DEN BRULLE verwendet. Er gibt ein minimales Beleuchtungsverhältnis von 60% an.[244] Vereinfacht wird hier davon ausgegangen, dass der Einflussparameter nur die Werte 0 (optimales Beleuchtungsniveau) und 1 (nicht optimales Beleuchtungsniveau annehmen kann). Ein nicht optimales Verhältnis ist gegeben, sobald der Lux-Wert an der Montagestation weniger als 60 % des Optimalwerts beträgt. Somit berechnet sich der Einfluss der Beleuchtung auf die Fehlereintrittswahrscheinlichkeit gemäß Formel 18.[245]

Formel 18:

$$E_1 \begin{cases} \dfrac{E_i}{E_{i\ Optimal}} \leq 0{,}6; \quad 1 \\ \\ \dfrac{E_i}{E_{i\ Optimal}} \geq 0{,}6; \quad 0 \end{cases}$$

E_1 = Beleuchtung am Arbeitsplatz

E_i = Tatsächliche Beleuchtungsstärke an der Montagestation i

$E_{i\ Optimal}$ = Optimale Beleuchtungsstärke an der Montagestation i

Geräuschkulisse

Der Zusammenhang zwischen Fehlern durch Menschen und der Geräuschkulisse wird in der Literatur vielfach beschrieben.[246] [247] Grundlage für die genaue Erforschung dieses Zusammenhangs bilden Studien und Experimente. So belegt SUST einen Zuwachs in der Fehlerquote durch die Erhöhung der Lärmbelastung.[248] Auch die ESAT berücksichtigt diesen Einfluss. Hier

[244] Vgl. van den Brulle, P.: Leitfaden für Kataster von Arbeitsplatzumgebungsfaktoren, 1989, S. 57

[245] Vgl. ebenda

[246] Vgl. Schönpflug, W.; Schulz, P.: Lärmwirkungen bei Tätigkeiten mit komplexer Informationsverarbeitung, 1979

[247] Vgl. Sust, C. A.: Lärmbeurteilung-Büro-Arbeitsplätze, 1996, S. 8

[248] Vgl. ebenda

wird die Grenze, ab der eine Beeinträchtigung der Leistung stattfindet, mit 45db(A) angegeben.[249] Dieser Grenzwert wird für die Anwendung an einer Montagestation übernommen. Neben dem Geräuschpegel ist auch die Häufigkeit des Auftretens von Bedeutung.[250] Um diesen Umstand bei der Bestimmung des Einflussfaktors E_2 zu berücksichtigen, wird eine vereinfachte Form des Ansatzes nach MÜLLER ET AL. verwendet. Der Faktor E_2 kann so direkt aus Tabelle 6-8 abgelesen werden.[251]

Tabelle 6-8: Definition E_2 in Abhängigkeit von Auftrittshäufigkeit und Lärmpegel

Auftreten	45 dB(A)	55 dB(A)	65 dB(A)	75 dB(A)	85 dB(A)
Selten	0,1*0	0,1*0,25	0,1*0,5	0,1*0,75	0,1*1
Oft	0,8*0,2	0,8*0,4	0,8*0,6	0,8*0,8	0,8*1
Konstant	1*0,2	1*0,4	1*0,6	1*0,8	1*1

6.3.11 Systemfaktoren

Der Systemfaktor S_5 setzt sich nach Anpassung der ESAT auf die manuelle Montage aus dem Einfluss der Arbeitsdauer Y_1 und dem Grad der Arbeitsorganisation Y_2 zusammen und berechnet sich somit gemäß Formel 19.

Formel 19:

$$S_5 = Y_1 + Y_2$$

S_5 = Systemfaktor

Y_1 = Arbeitsdauer

Y_2 = Grad der Arbeitsorganisation

Der Einfluss der Arbeitsdauer

Der Faktor Arbeitsdauer beschreibt in der ESAT die kognitive und physiologische Ermüdung des Menschen als Folge der Arbeitszeit und -belastung mit einem Einfluss auf die Fehler in der Arbeitszeit.[252] Auch bei der Übertragung auf die manuelle Montage wird angenommen, dass die Arbeitsdauer einen Einfluss auf die Fehlereintrittswahrscheinlichkeit hat. Im Folgenden soll ein Vorgehen zur Quantifizierung des Einflusses der Arbeitsdauer auf die Fehlereintrittswahrscheinlichkeit im Sinne der ESAT identifiziert werden.

---

[249] Vgl. Brauser, K.: Aufgabentaxonomie, 1990, S. 42

[250] Vgl. Brandes, J.-W.: Die Bedeutung des Störschalls als Fehlerquelle bei schulaudiometrischen Verfahren, S. 59

[251] Vgl. Müller, B. H.: Übersichtstabellen zur Belastungssituation am Arbeitsplatz, 1990, S. 50 ff.

[252] Vgl. Brauser, K.: Aufgabentaxonomie, 1990, S. 40

Die DIN EN ISO 10075 beschriebt die Ermüdung in Abhängigkeit zur Intensität, der Dauer und des Verlaufs der Arbeitsbeanspruchung. Neben der reinen Länge der Arbeitszeit ist insbesondere der Abstand zwischen den Pausen von großer Bedeutung. So besitzen mehrere kurze Pausen einen höheren Erholungsfaktor als eine lange Pause.[253] [254]

Zur Beschreibung der Ermüdung des Menschen innerhalb einer Arbeitsperiode ohne Pause schlägt die ESAT einen linearen Zusammenhang vor.[255] Neuere Studien der Arbeitswissenschaften gehen allerdings von einem exponentiellen Zusammenhang aus.[256] In Anlehnung an diese Studie wird der Faktor Arbeitsdauer entsprechend Formel 20 definiert.[257]

Formel 20:

$$Y_1 = \frac{e^{\frac{A_p}{A_{max}}} - 1}{e - 1}$$

Y_1 = Einfluss Arbeitsdauer

A_P: längste Arbeitszeit bis zur Pause

A_{max}: Schichtlänge (ohne Pausen)

Der Grad der Arbeitsorganisation

In der ESAT wird der Grad der Arbeitsorganisation durch die Existenz von angemessenen Werkzeugen und Arbeitsvorgaben, die für die fehlerfreie Ausführung der Aufgaben notwendig sind, bestimmt.[258] Die Arbeitswissenschaften definieren die Arbeitsorganisation als Maß für die Gestaltung und Detaillierung der Arbeitsabläufe, -aufgaben und -mittel in einem Arbeitssystem.[259] Um den Grad der Arbeitsorganisation zu quantifizieren, schlägt OLBRICH ein standardisiertes Bewertungsverfahren vor.[260] Er definiert zehn Einflusskategorien mit jeweils bis zu fünf weiteren Unterkategorien. Nachdem für all diese Unterkategorien ein Wert bestimmt wurde, kann der Organisationsgrad anhand eines Matrixsystems errechnet werden. Da diese Art der Bewertung sehr aufwendig und detailliert ist, wird das Modell nach OLBRICH für die Übertragung auf die manuelle Montage vereinfacht, indem direkt die zehn übergeordneten Kategorien bewertet werden. Die Bewertung der Kategorien wird entsprechend des Bewertungsschemas des ESAT auf einer Skala von 0 bis 1 durchgeführt. Eine 0 steht dabei für eine geringe Ausprägung des betrachtenden Einflussfaktors und die 1 für eine hohe Ausprägung.

---

253 Vgl. Tucker, P.: The impact of rest breaks upon accident risk, fatigue and performance, 2003, 123-137

254 Vgl. Dabaneh, A. J., Swanson, N. & Shell, R. L.: Impacts of added rest breaks on the productivity and well being of workers, 2001, S. 164 ff.

255 Vgl. Brauser, K.: Aufgabentaxonomie, 1990, S. 40

256 Vgl. Schindele, H.: Planung qualitätsförderlicher Personalstrukturen im Fertigungsbereich, 1996, S. 89 ff.

257 Vgl. ebenda

258 Vgl. Brauser, K.: Aufgabentaxonomie, 1990, S. 40

259 Vgl. Heeg, F. J.: Moderne Arbeitsorganisation, 1988, S. 17

260 Vgl. Olbrich, R.: Aufbau einer Zeitwirtschaft, 1993, S. 48 ff.

Die Bewertung der Einflussparameter soll auf einer dreistufigen Skala mit den Werten 0, 0.5 und 1 durchgeführt werden. Der Grad der Arbeitsorganisation bestimmt sich aus dem arithmetischen Mittel der Bewertung der zehn Einflussparameter. Tabelle 6-9 stellt die zehn Einflussparameter mit Bewertungsskala dar.[261]

Formel 21:

$$Y_2 = \frac{1}{10} \sum_{i=1}^{10} O_i$$

Tabelle 6-9: Einflussfaktoren auf den Grad der Arbeitsorganisation in Anlehnung an OLBRICH[262]

	Einflussfaktor	Bewertungsskala		
O_1	Grad der Gestaltung des Arbeitsortes	1	0,5	0
O_2	Grad der Zuordnung von Aufgabenfunktionen und Aufgabenmitteln	1	0,5	0
O_3	Grad der Eigenständigkeit von Entscheidungen bei Arbeitspersonen	1	0,5	0
O_4	Grad der Tätigkeitskonkretisierung	1	0,5	0
O_5	Grad der arbeitsbezogenen Planung von Abläufen und Zeitpunktion	1	0,5	0
O_6	Grad der Gleichheit der Arbeitsweisen von Personen bei gleichen Aufgaben	1	0,5	0
O_7	Grad der Vorbereitungsmaßnahmen von zur Bearbeitung anstehenden Teilen und Informationen	1	0,5	0
O_8	Grad der Zusatztätigkeiten zur Verarbeitung von Informationen	1	0,5	0
O_9	Grad der motorischen Arbeitsausführung	1	0,5	0
O_{10}	Grad der arbeitsbezogenen Lage von benötigten Hilfsmitteln	1	0,5	0
Y_2	**Grad der Arbeitsorganisation**	**1 bis 0**		

6.3.12 Berechnungsvorschrift zur Bestimmung Fehlereintrittswahrscheinlichkeit

Zur Berechnung der Fehlereintrittswahrscheinlichkeit kann die Berechnungsvorschrift des ESAT eingesetzt werden. Der dazu benötigte Belastungsvektor G kann äquivalent zum Vorgehen in der ESAT bestimmt werden und berechnet sich somit gemäß Formel 22 durch Bildung der Summe aller S_i.

Formel 22:

$$G = S_1 + S_2 + S_3 + S_4 + S_5$$

S_1: Aufgabentyp

S_2: Aufgabencharakteristik

S_3: Personalfaktoren

---

[261] Vgl. Olbrich, R.: Aufbau einer Zeitwirtschaft, 1993, S. 48 ff.

[262] Vgl. ebenda

S_4: Umgebungsfaktoren

S_5: Systemfaktoren

Die Berechnung der Zuverlässigkeitsklasse erfolgt durch Verwendung des Belastungsvektors und dem Einfluss der Aufgabencharakteristik S_1. Es wird auch hier die Berechnungsvorschrift der ESAT verwendet (Formel 23).[263]

Formel 23:

$$Z = 1{,}2 * G * \log(G) + S_1$$

Z: Aufgabentyp

G: Aufgabencharakteristik

S_1: Personalfaktoren

Die tatsächliche Bestimmung der Wahrscheinlichkeit geschieht in der ESAT, indem mittels des Z-Werts (Zuverlässigkeitsklasse) die Fehlerwahrscheinlichkeit anhand einer Tabelle abgelesen wird (Abbildung 6-4). Zwischenwerte können (wie in Kapitel 6.2.6 beschrieben) interpoliert werden. Die von der ESAT verwendete Tabelle ist an die Ereignisse und Gegebenheiten der Luft- und Raumfahrt angepasst worden. Die minimal erreichbare Wahrscheinlichkeit liegt hier immer noch bei 0,1%. In der Automobil- oder Elektroindustrie werden teilweise werden Fehlerraten von 0,00044% erreicht (vgl. 6-Sigma Prozessqualität)[264]. Aus diesem Grund werden die Zuverlässigkeitsklassen zur Bestimmung der Fehlereintrittswahrscheinlichkeit niedriger ausgelegt. Eine Orientierung bietet hier die VDA-Richtlinie der FMEA.[265] Die hier verwendeten Klassen und Wahrscheinlichkeiten werden eingesetzt, um die Fehlereintrittswahrscheinlichkeit (FEW) in der manuellen Montage zu bestimmen (Tabelle 6-10).

Tabelle 6-10: Angepasste Zuverlässigkeitsklassen zur Bestimmung der FEW

Zuverlässigkeits-klasse (Z)	ESAT HEP_{min}	ESAT HEP_{max}	Manuelle Montage FEW_{min}	Manuelle Montage FEW_{max}
10	0,7	1	0,075	0,5
9	0,45	0,7	0,035	0,075
8	0,26	0,45	0,015	0,035
7	0,133	0,26	0,0075	0,015
6	0,062	0,133	0,0035	0,0075
5	0,026	0,062	0,0015	0,0035
4	0,0096	0,026	0,0005	0,0015
3	0,0033	0,0096	0,000075	0,0005
2	0,001	0,0033	0,000005	0,000075
1	<0,0001	0,001	0	0,000005

263 Vgl. Brauser, K.: ESAT- Ein neues Verfahren zur Abschätzung der menschlichen Zuverlässigkeit, 1992

264 Vgl. Schmitt, R.; Heinrichs, V., et al.: Basiswissen Qualitätsmanagement, 2015, S. 196

265 Vgl. Eberhardt, O.: Risikobeurteilung mit FMEA, 2015, S. 6 ff.

7 Validierung im Anwendungszusammenhang

Im nachfolgenden Kapitel werden die Ergebnisse aus Kapitel 4 in ein simulationsfähiges SD-Modell übertragen (7.1). Dazu wird ein generischer Prozessbaustein programmiert, mit dem Simulationstestläufe durchgeführt werden können. In diesen Testläufen werden die Simulationsergebnisse auf Plausibilität geprüft, um die abgebildeten Zusammenhänge zu verifizieren (7.2). Die Ergebnisse aus Kapitel 4 und Kapitel 5 werden dann eingesetzt, um eine reale Montagelinie, bestehend aus zwei Montagestationen, abzubilden und die Simulationsergebnisse mit realen Daten abzugleichen. Dazu wird der generische Prozessbaustein zu einer Produktionskette verknüpft und entsprechend des Praxisbeispiels parametrisiert (7.2.3). Final wird das so validierte Modell eingesetzt, um generelle Handlungsempfehlungen im Fehlermanagement abzuleiten (7.3.5).

7.1 Programmierung des modularen Bausteins

Zur Programmierung des Simulationsmodells müssen hier die mathematischen Beschreibungen der Variablen in die Beschreibungsvorschriften der Simulationssoftware übertragen werden. Eingesetzt wird dazu die Software Vensim des Entwicklers Ventana Systems. Diese Software wurde auch bereits von GLÖCKNER ET AL. eigesetzt. Da das Modell dieser Forschungsarbeit auf dem Ansatz von GLÖCKNER ET AL. basiert, wird von der Verwendung dieser Software nicht abgewichen. So kann u. a. die Gefahr von Übertragungsfehlern verringert werden.

7.1.1 Darstellung des programmierten Modells

In Abbildung 7-1 ist das programmierte Simulationsmodell eines beliebigen Produktionsprozessschrittes dargestellt. Insgesamt besteht das Modell aus 23 Elementen, die entsprechend ihrer mathematischen Beziehungen mit Pfeilen verbunden sind.

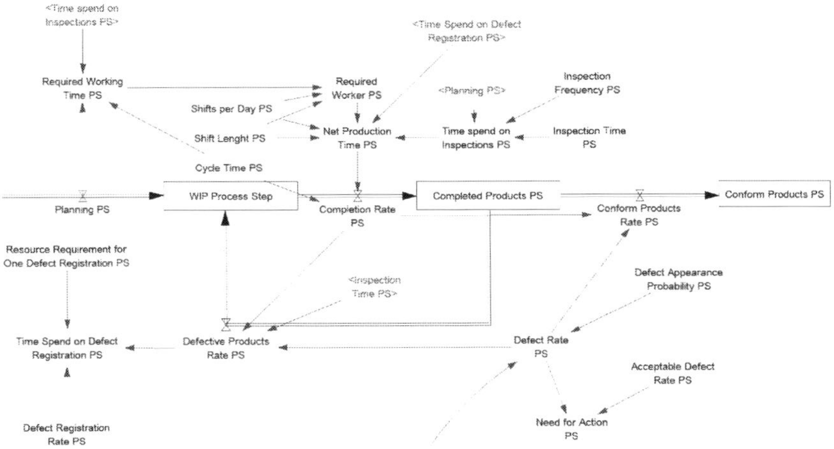

Abbildung 7-1: Programmiertes SD-Modell eines beliebigen Produktionsschritts

Zu unterscheiden sind hier drei Typen von Elementen: Konstanten (Constant), Variablen (Auxillery) und Variablen mit integrierendem Verhalten (Level). Konstanten zeichnen sich dadurch aus, dass sie nur einen Ausgangspfeil und keinen Eingangspfeil besitzen. Das bedeutet, sie werden extern vorgegeben und bleiben während der Simulation konstant. Variablen hingegen besitzen eine klare Berechnungsvorschrift, nach welcher sie in jedem Simulationsschritt neu berechnet bzw. aktualisiert werden. Der Wert einer Variablen ändert sich somit in Abhängigkeit ihrer Eingangswerte. Die Variablen mit integrierendem Verhalten addieren mit jedem neuen Berechnungsschritt ihre Eingangswerte zum alten Wert hinzu, wohingegen die Ausgangswerte abgezogen werden.

7.1.2 Programmierung der Modellelemente

Die 23 Elemente des simulierten Prozessschritts setzen sich aus 10 Konstanten, 10 Variablen und 3 Variablen mit integrierendem Verhalten zusammen.

Konstanten

Die Konstanten sind die Einstellparameter des Simulationsmodells. Durch Angabe der entsprechenden Werte kann das Simulationsmodell auf einen spezifischen Prozessschritt eingestellt werden. Im Folgenden werden sie daher hinsichtlich ihrer spezifischen Bezeichnung, einer Kurzbeschreibung und der entsprechenden Einheit beschrieben. Zur übersichtlichen Darstellung sind diese Informationen in Tabelle 7-1 zusammengefasst.

Tabelle 7-1: Konstanten im Simulationsmodell

Konstante	Beschreibung	Einheit
Acceptable Defect Rate PS	Legt den Anteil an defekten Produkten fest, der akzeptiert wird ohne dass Aktivitäten zur Fehlerbehebung eingeleitet werden.	%
Cycle Time PS	Definiert die Durchführungszeit des betrachteten Prozessschritts.	$\frac{Sekunden}{Produkt}$
Defect Appearance Probability PS	Hier wird die Fehlereintrittswahrscheinlichkeit gemäß Kapitel 5 berücksichtigt.	%
Defect Registration Rate PS	Beschreibt den Anteil an entdeckten Fehlern, der wirklich erfasst wird. Die Erfassung ist Voraussetzung für die Durchführung einer nachhaltigen Fehlerabstellung.	%
Inspection Frequency PS	Beschreibt, jedes wievielte Produkte im Durchschnitt überprüft wird.	$Produkte$
Inspection Time PS	Legt die Dauer der Prüfung eines Produkts fest.	$\frac{Sekunden}{Produkt}$
Planning PS	Beschreibt die Anzahl der geplanten Produkte im Prozessschritt.	$\frac{Produkte}{Tag}$

Resource Requirement for One Defect Reg. PS	Beschreibt den Ressourcenbedarf für die Erfassung eines Fehlers.	$\frac{Sekunde}{Fehler}$
Shift Length PS	Beschreibt die Länge einer Schicht abzüglich der Pausen	$Stunden$
Shifts per Day PS	Beschreibt die Anzahl der Schichten am Tag.	$Schichten$

Variablen

Die Variablen unterliegen einer mathematischen Berechnungsvorschrift, die im Modell abgebildet werden muss. Im Folgenden wird die genaue programmtechnische Umsetzung der einzelnen Variablen beschrieben.

Completion Rate PS

Die *Completion Rate PS* beschreibt die Anzahl der fertiggestellten Produkte bezogen auf eine Zeiteinheit. Sie „transformiert" sozusagen unfertige Produkte (*WIP Process Step*) in Fertigprodukte (*Completed Products PS*). Diese Transformation ist abhängig von der zur Verfügung stehenden Arbeitszeit (*Net Production Time PS*) und der Bearbeitungszeit für ein Produkt (Cycle Time PS). Modelliert wird daher ein Zeitverzug in Höhe der Bearbeitungszeit, und der Durchsatz an Produkten wird durch Division der zur Verfügung stehenden Arbeitszeit und der Bearbeitungszeit berechnet. Vensim kann einen Zeitverzug über die Funktion „DELAY FIXED" abbilden. Die *Completion Rate PS* bestimmt sich daher gemäß Formel 24. Der zusätzliche Faktor und Divisor ist für die Umrechnung der Variablen von Sekunden in Stunden bzw. in Tagen notwendig.

Formel 24:

$$Completion\ Rate\ PS = Delay\ Fixed\ (\frac{Net\ Production\ Time\ PS)}{Cycle} Time\ PS * 3600, \frac{Cycle\ TimePS}{86400}, 0)$$

Conform Products Rate PS

Diese Variable beschreibt den Produktfluss der konformen Produkte. Sie bestimmt sich daher direkt aus der Rate aller produzierten Produkte (*Completion Rate*) und der Fehlerrate im Prozessschritt (*Defect Rate PS*). Formel 25 beschreibt den entsprechenden Programmbefehl. Zur Berechnung wird die *Completion Rate PS* mit der Gegenwahrscheinlichkeit der Fehlerrate multipliziert.

Formel 25:

$$Conform\ Products\ Rate\ PS = Completion\ Rate\ PS * (1 - Defect\ Rate\ PS)$$

Defect Rate PS

Die *Defect Rate PS* beschreibt den prozentualen Anteil der fehlerhaft produzierten Produkte im betrachteten Prozessschritt. Sie ist das Produkt der Wahrscheinlichkeit des Fehlereintritts

(*Defect Appearance Probability*) und den existierenden Fehlerursachen (*Root Causes*). Formel 26 zeigt die entsprechende Programmierung.

Formel 26:

$$Defect\ Rate\ PS = Defect\ Appearance\ Probability\ PS * Root\ Causes$$

Defective Products Rate PS

Die *Defective Products Rate* ist folglich die Differenz zwischen allen fertiggestellten Produkten (*Completion Rate PS*) und den konformen Produkten (*Conform Products Rate PS*). Die Programmierung erfolgt daher in Anlehnung an Formel 25, nur dass hier direkt mit der Fehlerrate (Defect Rate PS) multipliziert werden kann. Nicht korrekt montierte Produkte werden wieder in den Prozess eingesteuert. Das geschieht mit einem definierten Zeitverzug in Höhe der Prüfzeit (Inspection Time PS). Die Programmierung erfolgt daher mit dem Ansatz zur Programmierung eines Zeitverzugs äquivalent zu Formel 24. Formel 27 zeigt die entsprechende Programmierung.

Formel 27:

$$Defective\ Products\ Rate\ PS =$$

$$Delay\ Fixed\ (Defect\ Rate\ PS * Completion\ Rate\ PS, \frac{Inspection\ Time\ PS}{86400{,}0}, 0)$$

Need for Action PS

Der Handlungsbedarf (Need for Action PS) bestimmt sich aus dem Vergleich der akzeptierten Fehlerrate (*Acceptable Defect Rate*) und der tatsächlichen Fehlerrate (*Defect Rate PS*). Der Handlungsbedarf ist hier als boolesche Variable definiert und kann nur den Wert 0 oder 1 annehmen. Zur Implementierung im Simulationsmodell kann dies über eine „Wenn-Dann“- Beziehung dargestellt werden. Es entsteht nur ein Handlungsbedarf, wenn die tatsächliche Fehlerrate über der akzeptierten Fehlerrate liegt, andernfalls nicht. Die Berechnung des Handlungsbedarfs kann daher gemäß Formel 28 programmiert werden

Formel 28:

$$Need\ for\ Action\ PS = IF\ THEN\ ELSE(Defect\ Rate\ PS > Acceptable\ Defect\ Rate\ PS, 1, 0)$$

Net Production Time PS

Die Netto-Produktionszeit ist die Arbeitszeit in Stunden, die täglich zur Montage von Produkten zur Verfügung steht. Sie berechnet sich daher aus der Anzahl der Mitarbeiter (*Required Worker PS*), der Anzahl der Schichten (*Shifts per Day*) und der Länge einer Schicht (*Shift Length PS*) abzüglich der Zeit, die auf Qualitätskontrollen (*Time spent on Inspections PS*) entfällt (Formel 29).

Formel 29:

$$\begin{aligned} &Net\ Production\ Time\ PS \\ &\quad = Required\ Worker\ PS * Shifts\ per\ Day\ PS * Shift\ Lenght\ PS \\ &\quad - Time\ spend\ on\ Inspections\ PS - \frac{Time\ Spend\ on\ Defect\ Registration\ PS}{3600} \end{aligned}$$

Required Worker PS

Die Anzahl der pro Tag und Schicht benötigten Mitarbeiter bestimmt sich aus der notwendigen Arbeitszeit (*Required Working Time PS*) sowie der Anzahl (*Shifts per Day*) und Länge (*Shift Length PS*) der Schichten (Formel 30).

Formel 30:

$$Required\ Worker\ PS = Required\ Working\ Time\ PS/(Shift\ Lenght\ PS * Shifts\ per\ Day\ PS)$$

Required Working Time PS

Die notwendige Arbeitszeit (*Required Working Time PS*) errechnet sich aus der Anzahl der planmäßig zu produzierenden Produkten (*Planning PS*) pro Tag und der Bearbeitungszeit für ein Produkt (*Cycle Time PS*). Der Divisor 3600 rechnet die in Sekunden angegebene Bearbeitungszeit (*Cycle Time PS*) in Stunden um (Formel 31). Zur Berechnung der gesamten notwendigen Arbeitszeit muss letztlich noch die Zeit für Prüfungen aufaddiert werden (*Time spent on Inspections PS*).

Formel 31:

$$Required\ Working\ Time\ PS = PlanningPS * \frac{Cycle\ Time\ PS}{3600} + Time\ spent\ on\ Inspections\ PS$$

Time Spent on Defect Registration PS

Diese Variable beschreibt die Zeit, die für die Erfassung von Fehlern benötigt wird und dem Unternehmen so nicht mehr als Arbeitszeit zur Montage von Produkten zur Verfügung steht. Sie ist daher direkt abhängig von der Rate der fehlerhaften Produkte (*Defective Products Rate PS*) und der Zeit, die die Erfassung eines Fehlers benötigt (*Resource Requirement for one Defect Registration*). In Formel 32 wird sie als Produkt dieser drei Faktoren programmiert.

Formel 32:

$$\begin{aligned} &Time\ Spent\ on\ Defect\ Registration\ PS \\ &= Defect\ Registration\ Rate\ PS \\ &* Defective\ Products\ Rate\ PS \\ &* Resource\ Requirement\ for\ One\ Defect\ Registration\ PS \end{aligned}$$

Time spent on Inspections PS

Der Zeitbedarf für Qualitätskontrollen (*Time spent on Inspections*) bestimmt sich aus der Häufigkeit (*Inspection Frequency PS*) und der Dauer eine Kontrolle (*Inspection Time PS*). Da die Frequenz der Qualitätskontrollen nicht als Zeitraum, sondern in Produkten angegeben wird (z.B. jedes 100. Produkt), wird hier auch die Anzahl der geplanten Produkte benötigt. Der Zeitbedarf für die Qualitätskontrolle eines Produktes muss hier ebenfalls (*Inspection Time PS*) erneut in Stunden umgerechnet werden (Divisor = 3600). Formel 33 zeigt die Programmierung in Vensim.

Formel 33:

$$Time\ spent\ on\ Inspections = \frac{Planning\ PS * \frac{Inspection\ Time\ PS}{3600}}{Inspection\ Frequency\ PS}$$

Variablen mit integrierendem Verhalten

Drei der Modellelemente sind als Variablen mit integrierendem Verhalten dargestellt und eignen sich vorrangig dazu, den Materialfluss im Produktionsschritt zu modellieren. Integrierendes Verhalten bedeutet, dass der aktuelle Variablenwert immer von den vorherigen Werten abhängt, wie bei einem PI-Regler, dem regelungstechnischen Pendant.[266] Ihre Programmierung im Simulationsmodell bleibt dabei trivial, da es sich lediglich um eine Summenbildung über die Zeit handelt und der Software lediglich vorgegeben werden muss, welche Variablen über die Zeit zu addieren bzw. zu subtrahieren sind. Das integrierende Verhalten wird in der Software durch die Funktion INTEG( ) beschrieben.

Completed Products PS

Die fertiggestellten Produkte (*Completed Products PS*) bilden das Lager für alle im Prozessschritt montierten Produkte. Sie nehmen entsprechend der Fertigstellungsrate (Completion Rate PS) zu und werden dann entweder in die Variable der konformen Produkte (Conform Products PS) oder zur Nacharbeit wieder in den Prozess eingesteuert (*Defective Products Rate PS*). Zusätzlich muss hier der Initialwert zum Startzeitpunkt der Simulation angegeben werden. Die Programmierung folgt daher entsprechend Formel 34.

Formel 34:

$$\begin{aligned} &Completed\ Products\ PS \\ &\quad = Integ(Completion\ Rate\ PS \\ &\quad - Conform\ Products\ Rate\ PS \\ &\quad - Defective\ Products\ Rate\ PS) \\ &Initial\ Value: 0 \end{aligned}$$

[266] Vgl. Schneider, W.: Praktische Regelungstechnik, 2008, S. 273

Conform Products PS

Die konformen Produkte (*Conform Products PS*) bestimmen sich ausschließlich aus der Rate der konformen Produkte (*Conform Products Rate PS*) und werden so gemäß Formel 35 im Simulationsmodell berechnet.

Formel 35:

$$Completed\ Products\ PS = Integ(Conform\ Products\ Rate\ PS)$$
$$Initial\ Value: 0$$

WIP Process Step

Die im Produktionsschritt anfallende Arbeit (*WIP Process Step*) bestimmt sich durch die geplanten bzw. fehlerhaften Produkte, die erneut montiert werden müssen. In der Software kann die Programmierung entsprechend Formel 36 erfolgen.

Formel 36:

$$\begin{aligned} WIP\ Process\ Step \\ &= Integ(Defective\ Products\ Rate\ PS \\ &+ Planning\ PS \\ &- Completion\ Rate\ PS\ ) \end{aligned}$$
$$Initial\ Value: 0$$

7.1.3 Zielsystem

Neben dem Simulationsmodell an sich muss auch das Zielsystem zur Leistungsmessung integriert werden. Nur so lässt sich die Leistungsfähigkeit im Hinblick auf die Zielerreichung im Prozessschritt über den zeitlichen Verlauf der Simulation bewerten. Diese Bewertung ermöglicht letztendlich die Evaluierung der verschiedenen Fehlermanagementstrategien und die Beantwortung der initialen Forschungsfrage. Die Zielgröße ist gemäß der Forschungsfrage die entsprechende Zeit, die ein Mitarbeiter zur Montage eines konformen Produktes benötigt. Somit muss mathematisch der Quotient aus dem Durchsatz der konformen Produkte (*Conform Products Rate PS*) und der eingesetzten Arbeitskraft (*Required Worker PS*) gebildet werden.

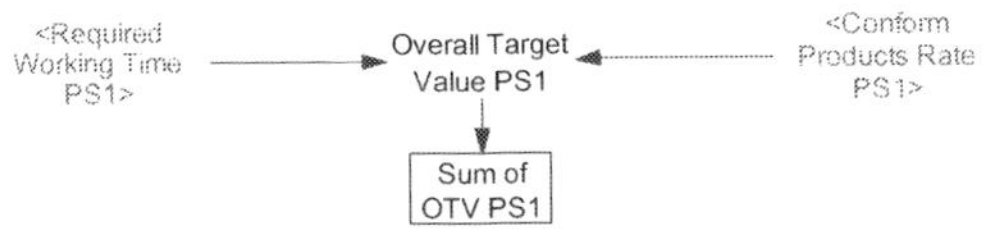

Abbildung 7-2: Zielsystem des modellierten Prozessschrittes

Die Darstellung der Zielfunktion im Simulationsmodell wird in Abbildung 7-2 verdeutlicht. Für die Zielerreichung werden zwei Variablen verwendet, wobei die aktuelle Zielerreichung in der Variable *Overall Target Value PS* beschrieben wird. Sie wird gemäß Formel 37 programmiert. Bei der Programmierung muss zusätzlich eine „WENN DANN"-Funktion eingesetzt werden, da die Funktion ansonsten für einen Produktdurchsatz von 0 nicht definiert ist (Division durch 0).

Formel 37:

$$Overall\ Target\ Value\ PS = IF\ THEN\ ELSE\ (\ Conform\ Products\ Rate\ PS > 0, \frac{Required\ Working\ TimePS}{Conform\ Products\ Rate\ PS}, 0)$$

Problematisch hinsichtlich der Auswertung ist allerdings, dass zwei Kurvenverläufe einer Zielvariablen nur rein subjektiv oder anhand von Einzelwerten verglichen werden können. Damit der gesamte Verlauf von zwei Simulationsergebnissen gegenübergestellt werden kann, wird daher eine weitere Variable mit integrierendem Verhalten (*Sum of OTV PS*) hinzugefügt. So kann die Leistungserreichung über den gesamten Simulationszeitraum in nur einem Kennwert verglichen werden. In der Software kann die Variable gemäß Formel 38 programmiert werden.

Formel 38:

$$Sum\ of\ OTV\ PS = Integ(Overall\ Target\ Value\ PS)$$
$$Initial\ Value: 0$$

7.2 Verifikation des Modellbausteins

Im folgenden Kapitel werden mit dem Modellbaustein Testsimulationen durchgeführt, um das Modellverhalten auf Plausibilität zu prüfen und sicherzustellen, dass die erzeugten Verknüpfungen der Modellelemente logischen Zusammenhängen folgen. Das Vorgehen orientiert sich dabei an den Techniken der Verifikation und Validierung nach RABE ET AL.[267]

7.2.1 Festwerttest

Einen Test zur Überprüfung des Modellverhaltens stellt der sogenannte Fest- oder Grenzwerttest dar. Dabei werden dem Simulationsmodell feste Inputparameter vorgegeben, um ein dynamisches Modellverhalten zu verhindern. Auf diese Weise können die Simulationsergebnisse auf einfache Art nachvollzogen werden.[268]

Zur Durchführung Tests muss das Modell mit einem Parameterset belegt werden. Dazu sind für alle Variablen der Tabelle 7-1 konstante Werte vorzugeben. Die hier verwendeten Testwerte sind in Tabelle 7-2 aufgeführt. Bei den aufgeführten Parametern handelt es sich um fiktive Beispielwerte, die im Folgenden variiert werden, um Schlussfolgerungen auf das Modellverhalten ziehen zu können.

---

[267] Vgl. Rabe, M.; Spiekermann, S., et al.: Verifikation und Validierung für die Simulation in Produktion und Logistik, 2008, S. 93 ff.

[268] Vgl. a. a. O., S. 99

Tabelle 7-2: Parameterwerte für die Testsimulationen

Konstante	Wert	Einheit
Acceptable Defect Rate PS	0	%
Cycle Time PS	120	$\frac{Sekunden}{Produkt}$
Defect Appearance Probability PS	0,02	%
Defect Registration Rate PS	1	%
Inspection Frequency PS	100	$Produkte$
Inspection Time PS	120	$\frac{Sekunden}{Produkt}$
Planning PS	500	$\frac{Produkte}{Tag}$
Resource Requirement for One Defect Reg. PS	30	$\frac{Sekunde}{Fehler}$
Shift Length PS	8	$Stunden$
Shifts per Day PS	1	$Schichten$

Für diese Parameter des Festwerttests konnten Hypothesen bezüglich der Simulationsergebnisse hergeleitet werden. Diese Hypothesen sind in Tabelle 7-3 zusammengefasst.

Tabelle 7-3: Hypothesen zum Ergebnis des Festwerttests

Variable	Hypothetisches Ergebnis	Erläuterung
Completion Rate PS	< 500	Der Wert sollte knapp unter dem geplanten Wert von 500 Produkten liegen, da Zeiten für die Fehlererfassung nicht mitgeplant wurden.
Conform Products Rate PS	98% * Completion Rate PS	Das Ergebnis hier sollte genau 2% geringer sein als die Fertigstellungsrate insgesamt, da nur 98% der Produkte fehlerfrei sind.
Defect Rate PS	2%	Die Fehlerrate sollte der Auftrittswahrscheinlichkeit entsprechen.
Defective Products Rate PS	2% * Completion Rate PS	Das Ergebnis hier sollte genau 2% der Fertigstellungsrate betragen, da 2% der Produkte fehlerhaft sind.
Need for Action PS	1	Es sollte ein Handlungsbedarf entstehen, da die akzeptierte Defektrate kleiner ist als die tatsächliche (0%<2%).
Required Working Time PS	16,83h	Die Berechnung sollte so erfolgen: 500 Produkte* 120s (Bearbeitungszeit) + 500/100 (Anzahl der Prüfungen) * 120s pro Prüfung.
Required Worker PS	2,10MA	Die 16,83h benötigte Arbeitszeit müssen durch die 8h Schichtlänge dividiert werden.
Time Spent on Defect Registration PS	Fehlerhafte Produkte * 30s	Die Anzahl der fehlerhaften Produkte sollte mit der Erfassungszeit von 30 Sekunden multipliziert werden.

Time spend on Inspections PS	0,16 h	Bei 500 Produkten erfolgen 5 Kontrollen zu 120s, daher sollte das Ergebnis bei 600s bzw. 0,16h liegen.
Net Production Time PS	< 16,83h	Gesamte benötigte Arbeitszeit abzüglich der Zeit für Prüfungen und Fehlererfassung, der Wert sollte also leicht unter dieser Zeit liegen.

Bei der Durchführung der Tests werden insbesondere die zentralen Größen *Required Worker PS* und *Conform Products Rate PS* überwacht, da diese die Grundlage des Modellzielsystems bilden. Mit den Werten aus Tabelle 7-2 wurde die erste Simulation durchgeführt, anschließend erfolgte die Auswertung der Simulationsergebnisse zum Zeitpunkt t=1. Die Ergebnisse dieser Simulation sind in Tabelle 7-4 dargestellt.

Tabelle 7-4: Simulationsergebnis des Festwerttests

Variable	Simulationsergebnis	Hypothese bestätigt?
Completion Rate PS	497,51 Produkte	ja
Conform Products Rate PS	487,56 Produkte	ja
Defect Rate PS	0,02	ja
Defective Products Rate PS	9,95 Produkte	ja
Need for Action PS	1	ja
Net Production Time PS	16,58h	ja
Required Worker PS	2,10MA	ja
Required Working Time PS	16,83h	ja
Time Spent on Defect Registration PS	298,51s	ja
Time spent on Inspections PS	0,16 h	ja

Die Berechnung aller Parameter des Modells entsprach den Erwartungen, sodass ein durchgehend plausibles Verhalten der Berechnungsvorschriften und implementierten Funktionen nachgewiesen werden kann. Es gilt im weiteren Verlauf zu prüfen, ob das Systemverhalten bei Veränderung der Eingangswerte stabil bleibt. Dazu werden mehrere Anpassungen an dem Ausgangsmodell vorgenommen und die erwartete Veränderung im Systemverhalten mit dem Simulationsergebnis des angepassten Modells verglichen. Dabei bildet jeweils das Ausgangmodell die Basis für die Anpassung, d.h. nach jeder Anpassung wird das Modell zurückgesetzt.

7.2.2 Ursache-Wirkungs-Graph

Der folgende Test zur Modellverifikation leitet sich vom Ursachen-Wirkungs-Graph nach Rabe ab. Hier wird überprüft, ob die Wirkbeziehungen aus dem CLD (Abbildung 5-4 bis Abbildung 5-8) korrekt in das Simulationsmodell übertragen wurden.[269]

[269] Vgl. a. a. O., S. 108 f.

Test 1: Anpassung der Fehlerrate

In der ersten Anpassung wird die Fehlereintrittswahrscheinlichkeit gleich 0 gesetzt. Zu erwarten ist daher, dass die Folgen eines Fehlereintritts ausbleiben. Die geplante Anzahl der anzufertigenden Produkte müsste der Anzahl die konformen Produkte entsprechen, und es dürften keine fehlerhaften Produkte erzeugt werden, das bedeutet, es entsteht kein Aufwand für die Erfassung von Fehlern. Tabelle 7-5 stellt diese Erwartungen den Ergebnissen des angepassten Simulationsmodells gegenüber und bestätigt die Hypothesen in vollem Umfang.

Tabelle 7-5: Übersicht Modellanpassung 1

Anpassung	Hypothese	Ergebnis
Defect Appearance Probability PS = 0	Completion Rate PS = Conform Products Rate = 500	500 / 500
	Time Spend on Defect Registration PS = 0	0
	Need for Action PS = 0	0
	Defective Products Rate PS = 0	0

Test 2: Anpassung der geplanten Produkte

In Anpassung 2 wird der Planwert der Produkte verdoppelt, dies entspricht einer Erhöhung der Produkte pro Tag von 500 auf 1000 Produkte. Folglich wird eine Verdopplung sämtlicher Aufwände und des Ertrags des Prozessschrittes erwartet. Tabelle 7-6 stellt diese Erwartungen mit den Ergebnissen des angepassten Simulationsmodells gegenüber und bestätigt die Hypothesen in vollem Umfang.

Tabelle 7-6: Übersicht Modellanpassung 2

Anpassung	Hypothese	Ergebnis
Planning PS * 2	Required Worker PS * 2 = 2,1MA * 2	4,2MA
	Time Spend on Defect Registration PS * 2 = 298s*2	597s
	Time spend on Inspections PS * 2 = 0,16h * 2	0,33h
	Conform Products Rate PS * 2 = 487,5*2	975 Produkte

Test 3: Anpassung der Bearbeitungszeit

In Anpassung 3 wird die Bearbeitungszeit zur Fertigung eines Produkts durch einen Mitarbeiter um 50% erhöht. Es ist zu erwarten, dass – im Vergleich zum Ausgangsszenario – mehr Mitarbeiter eingeplant werden müssen, alle übrigen Werte aber konstant bleiben. Tabelle 7-7 stellt diese Erwartungen mit den Ergebnissen des angepassten Simulationsmodells gegenüber. Wie erwartet, erhöht sich die Anzahl der geplanten Mitarbeiter, während die übrigen Variablen bis auf eine Abweichung von ca. 0,16% konstant bleiben. Diese Abweichung verringert sich mit einer Reduzierung der Zeitspannen zwischen den Berechnungszeitpunkten. Die Software bezeichnet diese Größe als „Time Step". Für die Abweichung zwischen dem Ausgangsmodell und Anpassung 3 gilt daher Formel 39:.

Formel 39:

$$\Delta_{\%Abweichung\ Anpassung3} = \lim_{Time\ Step \to 0} (Time\ Step) = 0$$

Tabelle 7-7: Übersicht Modellanpassung 3

Anpassung	Hypothese	Ergebnis
Cycle Time PS * 1,5	Required Worker PS * 1,5 = 2,1MA * 1,5	3,15 MA
	übrige Variablen ~ konstant	+0,16%

7.2.3 Begleitende Dimensionstests zur Modellverifikation

Das bisher vorgestellte Vorgehen zur Verifikation wurde nach Erstellung des Simulationsmodells durchgeführt. Einige Tests mussten jedoch auch schon während der Modellerzeugung angewendet werden, um den Erstellungsprozess fehlerfrei zu gestalten. In einem Dimensionstest wird in den verschiedenen Berechnungsvorschriften überprüft, ob die verwendeten Einheiten der Werte konsistent sind. So wird z.B. sichergestellt, dass keine Umrechnung zwischen den verschiedenen Zeiteinheiten (wie Stunde und Sekunde) vergessen wird und Raten korrekt definiert werden.[270] Nach jeder programmierten Berechnungsvorschrift wurde daher ein entsprechender Testlauf vorgenommen. Diese Überprüfung konnte teilweise mit Hilfe der Software Vensim durchgeführt werden[271]. Bei Umrechnungen, die nicht von der Software erkannt werden konnten, wurde eine manuelle Überprüfung durchgeführt.

7.3 Validierung am Fallbeispiel

In diesem Kapitel werden die Forschungsergebnisse aus Kapitel 4,5 und 6 eingesetzt, um eine reale Montagelinie in einem simulationsfähigen Modell abzubilden. Durch einen Abgleich der Simulationsergebnisse mit den real erfassten Daten wird eine Validierung des Gesamtkonzepts durchgeführt. Dazu wird zunächst das Fallbeispiel eingehend beschrieben. Die internen Bezeichnungen des Unternehmens für die Montagestationen und die Produktbeschreibung müssen aufgrund der Geheimhaltung so weit verfremdet werden, dass eine Identifizierung des Unternehmens nicht möglich ist.

7.3.1 Vorstellung Fallbeispiel

Das Fallbeispiel umfasst zwei aufeinanderfolgenden Montagestationen aus der Automobilindustrie. Montiert wird hier nicht am Gesamtfahrzeug, sondern es wird eine Teilmontage an einem Modul des Antriebsstrangs durchgeführt. Bei den durchzuführenden Montagetätigkeiten

---

[270] Vgl. a. a. O., S. 98

[271] Funktion: „Units Check"

arbeitet jeweils ein Mitarbeiter autark, um alle an der Station anfallenden Aufgaben durchzuführen. Werden mehrere Arbeiter eingesetzt, führen sie die gleichen Arbeiten parallel an einem gleichartigen Produkt durch. Die Arbeitsstationen sind dabei aufeinanderfolgend in einer Produktionslinie verortet. Die vorangestellte Station wird in dieser Arbeit als Station 1, die nachfolgende als Station 2 bezeichnet. An Station 1 werden insgesamt 11 verschiedene Montageaufgaben durchgeführt, an Station 2 sind 8 Montageaufgaben durchzuführen. Zur Validierung des Modells am Fallbeispiel müssen verschieden Informationen bezüglich des genauen Prozessablaufs erfasst und mehrere Methoden aus Kapitel 6 auf die Montagelinie angewendet werden. Insgesamt sind folgende Teilaufgaben für die Validierung durchzuführen:

- Anpassung des Simulationsmodells auf das Fallbeispiel
- Erstellung eines modularen Aufgabenkatalogs zur Abbildung der Tätigkeiten an den Montagestationen
- Berechnung der Fehlereintrittswahrscheinlichkeiten anhand des modifizierten ESAT
- Erhebung der Inputparameter für das Simulationsmodell (Montagezeit, Schichtlänge, etc.)
- Simulation und Vergleich der Ergebnisse mit Daten des realen Produktionsprozesses

Das ESAT benötigt an mehreren Stellen die Schätzung von Experten mit spezifischem Prozesswissen zur genauen Quantifizierung einzelner Einflussgrößen. Für diese Schätzungen stand eine Gruppe von Mitarbeitern zur Verfügung, die an oder in enger Verbindung zu den Montagestationen arbeiteten. Diese Ansprechpartner konnten, je nach Bedarf, zu einem gemeinsamen Workshop eingeladen oder auch einzeln befragt werden.

7.3.2 Anpassung des Simulationsmodells auf das Fallbeispiel

Zu simulieren sind im Fallbeispiel zwei Schritte eines Montageprozesses. Daher sind zwei Modellbausteine des Produktionsprozesses hintereinanderzuschalten und mit den Teilmodellen Fehlermanagement, Fehlerursachen und Ressourcen zu verbinden. Das Gesamtmodell wird, äquivalent zum Modellbaustein, in der Software Vensim als simulationsfähiges SD-Modell programmiert. Die drei Teilmodelle Fehlermanagement, Fehlerursachen und Ressourcen (nicht in der Abbildung dargestellt) können dabei weitgehend aus den Ansätzen nach GLÖCKNER ET AL.[272] [273] übernommen werden. Eine Anpassung der Teilmodelle muss vorrangig bezüglich der jeweiligen Schnittstellen durchgeführt werden. So bestimmt sich der Handlungsbedarf im Fehlermanagement auf der Grundlage des Handlungsbedarfs in den einzelnen Prozessschritten und kann nicht mehr direkt aus einem Modell des gesamten Produktionsprozesses folgen. Abbildung 7-3 und Abbildung 7-4 zeigen das vollständig programmierte Simulationsmodell des Fallbeispiels.

---

[272] Vgl. Glöckner, H.; Tuertmann, R., et al.: Analyzing the Feedback Structure of Production Defect Management, 2017

[273] Vgl. Kapitel 4

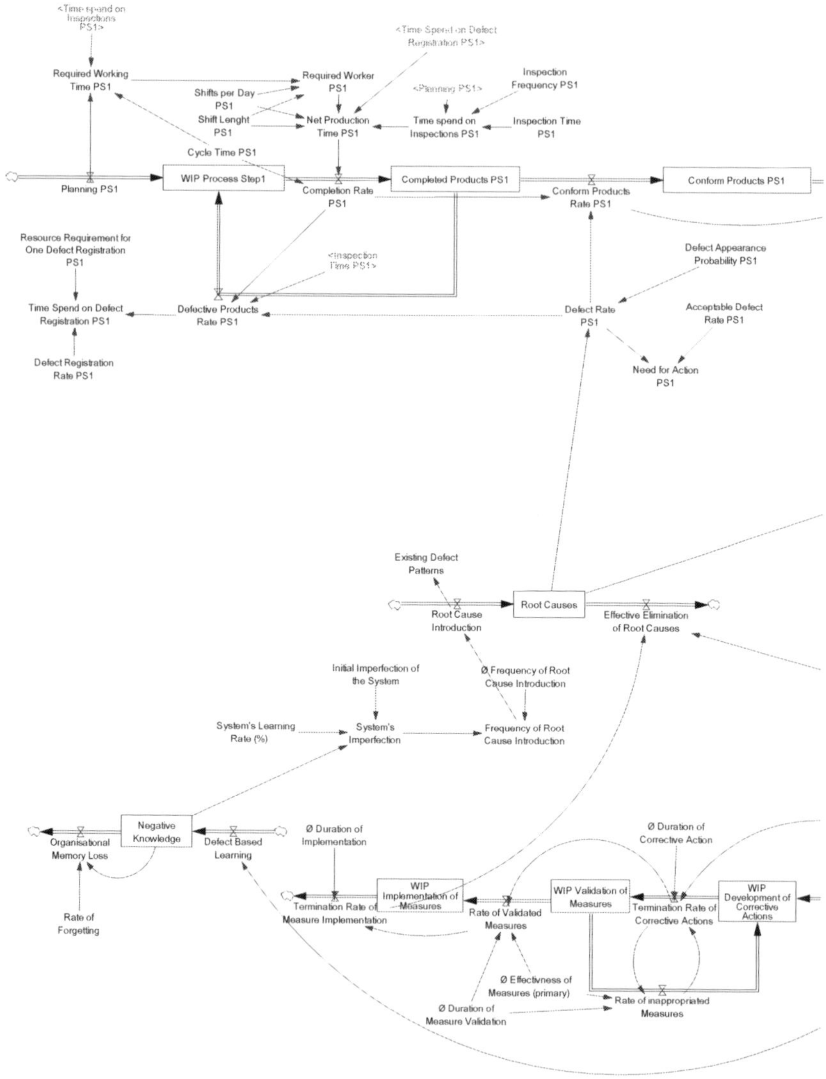

Abbildung 7-3: Validierungsbeispiel – Gesamtmodell Teil 1

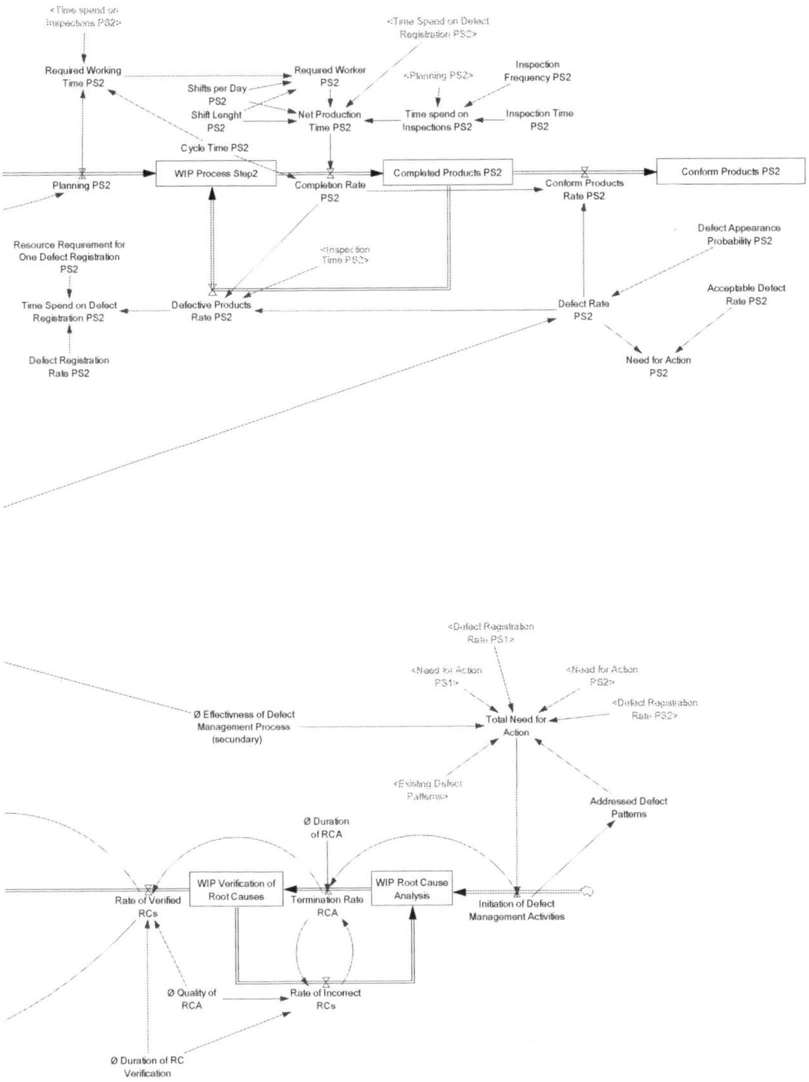

Abbildung 7-4: Validierungsbeispiel – Gesamtmodell Teil 2

Wie bereits erwähnt, muss das Vorgehen zur Berechnung des Handlungsbedarfs (Need for Action) angepasst werden. Dazu wird aus dem Handlungsbedarf in den einzelnen Prozessschritten ein absoluter Handlungsbedarf für den Fehlerabstellprozess (Total Need for Action) hergeleitet. Die Berechnungsvorschrift entspricht dabei der von GLÖCKNER ET AL. mit dem Unterschied, dass der Handlungsbedarf aus den einzelnen Prozessschritten mit der jeweiligen Fehlererfassungsrate multipliziert und aufsummiert wird. Die Multiplikation stellt eine Erweiterung zu dem Modell nach Glöckner da. Sie ist notwendig, da nur erfasste Fehler den Ausgangspunkt für eine nachhaltige Fehlerabstellung bilden können. In der Software Vensim lässt sich der absolute Handlungsbedarf entsprechend Formel 40 berechnen.

Formel 40:

$$\begin{aligned}
&\mathit{IF\ THEN\ ELSE}(\\
&\mathit{Existing\ Defect\ Patterns} >\\
&\text{Ø Effectivness of Defect Management Process (secundary)} * \mathit{Addressed\ Defect\ Patterns},\\
&\mathit{Need\ for\ Action\ PS1} * \mathit{Defect\ Registration\ Rate\ PS1} +\\
&\mathit{Need\ for\ Action\ PS2} * \mathit{Defect\ Registration\ Rate\ PS2}\,,\\
&0)
\end{aligned}$$

Abbildung 7-5 zeigt grafisch die Verknüpfung der Inputvariablen aus den einzelnen Prozessschritten zum einem absoluten Handlungsbedarf.

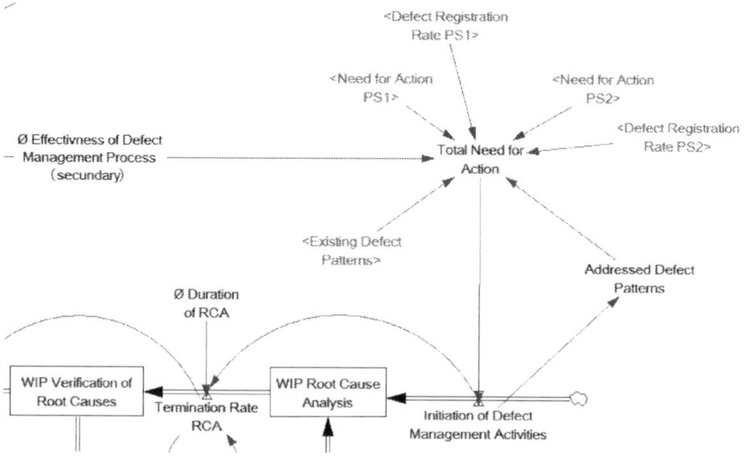

Abbildung 7-5: Schnittstelle zwischen Produktionsprozess und Fehlermanagement im SD-Modell

Das Modell bildet die vorhandenen Wirkungsbeziehungen des Fallbeispiels ab. Die Durchführung von allen, für die Simulation notwendigen Berechnungen, ist nach der Implementierung der mathematischen Beziehungen in die Software Vensim möglich. Das Simulationsergebnis ist von den zu definierenden Eingangsparametern abhängig.

7.3.3 Berechnung der Fehlereintrittswahrscheinlichkeiten anhand der modifizierten ESAT

Zur Berechnung der Fehlereintrittswahrscheinlichkeit an Station 1 und Station 2 muss der Belastungsvektor G berechnet werden. Dieser besteht aus den aufsummierten S_i des ESAT. Voraussetzung für die Berechnung dieser Werte ist die Beschreibung der Aufgaben an Station 1 und 2 durch einzelne Aufgabenbausteine. Zu diesem Zweck wurde ein Aufgabenkatalog für das Unternehmen aus dem Fallbeispiel entwickelt. Der vollständige Aufgabenkatalog ist in Anhang A1 zu finden. Die verwendeten Vorgewichte zur Bewertung der Aufgabenblöcke wurden dabei in einem Workshop mit den Vorarbeitern und Werkern der Montagelinie ermittelt. Eingesetzt wurde dazu ein paarweiser Vergleich der existierenden Aufgaben. Nach Fertigstellung des Aufgabenkatalogs können die beiden Montagestationen unter Verwendung dieses Katalogs modelliert werden. In Tabelle 7-8 sind die Aufgaben aus Montagestation 1 dargestellt. Insgesamt werden acht Aufgaben ausgeführt, von denen vier mehrfach hintereinander ausgeführt werden. Eine kognitiv anspruchsvolle Tätigkeit existiert an dieser Montagestation nicht.

Tabelle 7-8: Aufgaben in Prozessschritt 1 modelliert durch Taxonomien

Häufigkeit	VG Objekt	VG Situation	VG Aufgabe	Aufgabe	Summe VG	Ausführungs-zeit	Kognitiv anspruchsvoll
1	0	0	4	Vorbereitung	4	0,204	nein
1	0	2,5	6	Bauteil platzieren (handlich / gut erreichbar)	8,5	0,05	nein
1	0	0	5	Bauteil montieren (handlich / gut sichtbar)	5	0,024	nein
1	5	2,5	6	Bauteil platzieren (unhandlich / einfach erreichbar)	13,5	0,075	nein
2	2,5	2,5	4	Bauteil verschrauben (einfach erreichbar)	9	0,031	nein
8	10	2,5	9	Stecker einstecken (gut sichtbar / einfach erreichbar)	21,5	0,039	nein
8	5	2,5	8	Stecker verriegeln (leicht verriegelbar / gut erreichbar)	15,5	0,005	nein
2	2,5	0	3	Barcode scannen (gut sichtbar)	5,5	0,048	nein

In Tabelle 7-9 ist der zweite Prozessschritt äquivalent modelliert. Die Festlegung, ob eine Aufgabe kognitiv anspruchsvoll ist, wurde ebenfalls durch die entsprechenden Mitarbeiter aus der Fertigung festgelegt. In diesem Prozessschritt existieren zwei kognitiv anspruchsvolle Tätigkeiten. Die Ausführungszeiten für die einzelnen Aufgaben konnten einer unternehmensinternen Datenbank entnommen werden.

Tabelle 7-9: Aufgaben in Prozessschritt 2 modelliert durch Taxonomien

Häufigkeit	VG Objekt	VG Situation	VG Aufgabe	Aufgabe	Summe VG	Ausführungs-zeit	Kognitiv anspruchsvoll
1	0	0	4	Vorbereitung	4	0,204	nein
2	10	5	9	Stecken (gut sichtbar / schlecht erreichbar)	24	0,039	nein
2	5	10	8	Verriegeln (leicht verriegelbar / schlecht erreichbar)	23	0,009	nein
2	10	7,5	9	Stecken (schlecht sichtbar / mittel erreichbar)	26,5	0,07	nein
2	10	2,5	8	Verriegeln (schwer verriegelbar / gut erreichbar)	20,5	0,005	nein
1	10	10	9	Stecken (schlecht sichtbar / schlecht erreichbar)	29	0,09	ja
1	10	10	8	Verriegeln (schwer verriegelbar / schlecht erreichbar)	28	0,009	nein
2	0	10	5	Bauteil montieren (handlich /schlecht sichtbar)	15	0,03	nein
1	5	2,5	6	Bauteil platzieren (unhandlich / gut erreichbar)	13,5	0,075	nein
1	5	10	6	Bauteil platzieren (unhandlich / schlecht erreichbar)	21	0,15	ja
1	0	0	5	Bauteil montieren (handlich / gut sichtbar)	5	0,024	nein
1	0	2,5	6	Bauteil platzieren (handlich / gut erreichbar)	8,5	0,05	nein
1	2,5	2,5	4	Verschrauben (gut erreichbar)	9	0,031	nein

Ausgehend von den modellierten Arbeitsvorgängen der beiden Prozessschritte können die fünf Einflussfaktoren (S_i) berechnet und zum Belastungsvektor G aufaddiert werden (Formel 41).

Formel 41:

$$G = S_1 + S_2 + S_3 + S_4 + S_5$$

S_1: Aufgabentyp

Entscheidend bei diesem Faktor ist der Anteil an kognitiv anspruchsvollen Aufgaben. Solche existieren nur an Station 2, demnach ergeben sich folgende Werte:

$$S_{1\,ST1} = Min\left\{1{,}5; 1 + \frac{0s}{51{,}78s}\right\} = 1$$

$$S_{1\,ST2} = Min\left\{1{,}5; 1 + \frac{5{,}4s + 9s}{56{,}34s}\right\} = 1{,}255$$

S_2: Aufgabencharakteristik (C_1+C_2)

Die Aufgabencharakteristik bestimmt sich aus der Komplexität und Schwierigkeit der Montagestation. Die Komplexität hängt von der Anzahl der durchzuführenden Aufgaben in dem betrachteten Prozessschritt ab. Aufgaben, die unmittelbar hintereinander mehrfach ausgeführt werden, wie z.B. das Eindrehen von vier Schrauben, zählen dabei als eine Aufgabe. Die maximal mögliche Anzahl an Aufgaben einer Station beträgt 50. Für acht respektive 13 auszuführende Aufgaben ergeben sich folgende Werte:

$$C_{1\,ST1} = Min\left\{1; \frac{8}{50}\right\} = 0{,}16$$

$$C_{1\,ST2} = Min\left\{1; \frac{13}{50}\right\} = 0{,}26$$

Für die Bestimmung des Schwierigkeitsgrads einer Station wird das arithmetische Mittel der Schwierigkeitsvorgewichte verwendet, welche entsprechend des relativen Anteils der Ausführungszeit der jeweiligen Aufgabe an der Gesamtzeit gewichtet werden. So ergeben sich folgende Werte:

$$C_{2\,ST1} = Min\,\{1; \frac{1}{8}\sum_{k=1}^{8}\frac{t_k}{t_g}d_k\} = 0{,}52$$

$$C_{2\,ST2} = Min\,\{1; \frac{1}{13}\sum_{k=1}^{13}\frac{t_k}{t_g}d_k\} = 1$$

S_2 bestimmt sich aus der Summe der C_i:

$$S_{2\,ST1} = 0{,}16 + 0{,}52 = 0{,}68$$

$$S_{2\,ST2} = 0{,}26 + 1 = 1{,}26$$

S_3: Personalfaktoren (P_1+P_2)

Der Personalfaktor S_3 ergibt sich gemäß

Formel 13 durch Addition der Einzelwertungen der Erfahrung und Motivation des Mitarbeiters an der Montagestation. Um den Erfahrungsfaktor P1 berechnen zu können, wird die Übungsrate Epsilon benötigt. Diese bestimmt sich gemäß

Formel 15 und nimmt an beiden Stationen denselben Wert an:

$$\varepsilon = \frac{21750}{20 * 4} = 271{,}875$$

Auch der Erfahrungsfaktor ist auch für beide Stationen gültig und berechnet sich gemäß Formel 14.

$$P_{1\,ST1/ST2} = min\,\{1\,;\,_m0{,}000005 + (0{,}999995) * e^{-3*271{,}875}\} = 0{,}000005$$

Die Motivation der Mitarbeiter an den Arbeitsstationen wird durch fünf charakteristische Merkmalen der jeweiligen Arbeitsstationen bestimmt. Diese Attribute unterscheiden sich bei beiden Montagestationen nicht grundsätzlich voneinander und werden während eines Workshops von jedem Teilnehmer anhand einer Likert-Skala geschätzt. Die Anforderungsvielfalt der Montagestationen, die Ganzheitlichkeit der Aufgabe und das Bewusstsein für die Bedeutung der Aufgabe werden als relativ hoch (0,25; 0,25; 0,1) eingeschätzt, wohingegen die Rückmeldung über die Arbeitsergebnisse und die Autonomie bei der Durchführung der Aufgaben eine sehr geringe (1; 1) Bewertung erhalten. Für beide Stationen wird so der folgende Wert festgelegt:

$$P_{2\,ST1/ST2} = min\left\{1\,;\ \frac{0{,}25 + 0{,}25 + 0{,}1}{3} * 1 * 1\right\} = 0{,}2$$

S_3 bestimmt sich aus der Summe der P_i:

$$S_{3\,ST1/ST2} = 0{,}000005 + 0{,}2 = 0{,}200005$$

S_4: Umgebungsfaktoren (E_1+E_2)

Die Umgebungsfaktoren hängen von der Beleuchtung am Arbeitsplatz und dem Geräuschpegel ab. Die Beleuchtung der Stationen aus dem Fallbeispiel beträgt ca. 520 Lux und entspricht damit gemäß Tabelle 6-7 den Vorgaben für feine Montagearbeiten. Daher bestimmt sich E_1 s an beiden Stationen wie folgt:

$$\frac{E_i}{E_{i\,Optimal}} = \frac{520\,Lux}{500\,Lux} = 1{,}04 \geq 0{,}6 \rightarrow E_{1\,ST1/ST2} = 0$$

Beiden Stationen liegen in unmittelbarer Nähe, es wurde oft ein Geräuschpegel von 55 db(A) gemessen. Der entsprechende Wert kann aus Tabelle 6-8 abgelesen werden und beträgt 0,32.

S_4 bestimmt sich aus der Summe der E_i:

$$S_{4\,ST1/ST2} = 0 + 0{,}32 = 0{,}32$$

S_5: Systemfaktoren (Y_1+Y_2)

Die Systemfaktoren S_5 setzt sich nach Anpassung der ESAT, auf die manuelle Montage, aus der Arbeitsdauer Y_1 und dem Grad der Arbeitsorganisation Y_2 zusammen. Für die Berechnung von Y_1 werden die Schichtlänge und der maximale Arbeitszeitraum ohne Pause in Formel 20 eingesetzt:

$$Y_{1\,ST1/ST2} = \frac{e^{\frac{105min}{420min}} - 1}{e - 1} = 0{,}1655$$

Die Bestimmung von Y_2 kann durch Mitarbeiter des Unternehmens mit weitreichender Kenntnis des betrachteten Prozesses erfolgen. In diesem Fallbeispiel waren das die Vorarbeiter und Meister in einem gemeinsamen Workshop. Darin wurden die zehn Einflussfaktoren aus Tabelle 6-9 mit 1, ½ oder 0 bewertet:

- Der Arbeitsort ist an beiden Montagestationen in höchstem Maße in seiner Gestaltung vorgegeben. Eine Anpassung durch den Mitarbeiter kann nur in bestimmten zugelassenen Bereichen, wie der Höhenverstellung des Sitzes, erfolgen. Daher wird dieser Faktor mit 0 bewertet (O_1 = 0).
- Aufgaben und Arbeitsmittel sind eindeutig zugeordnet und sorgen so für einen hohen Grad der Arbeitsorganisation (O_2 = 0).
- Die Eigenständigkeit bei Entscheidungen ist nicht vorgesehen, daher erfolgt auch hier die Bewertung mit 0(O_3 = 0).

- Tätigkeiten sind eindeutig konkretisiert ($O_4 = 0$). Die Abläufe und Zeitpunktion sind eindeutig festgelegt ($O_5 = 0$).
- Eine mittlere Abweichung der Arbeitsweise zwischen zwei Personen ist zu erkennen ($O_6 = 0{,}5$).
- Vorbereitungen sind kaum vorzunehmen ($O_7 = 0$).
- Zusatztätigkeiten zur Verarbeitung von Informationen fallen nicht an ($O_8 = 0$).
- Der Grad der motorischen Arbeitsausführung ist hoch und wird daher mit 1 bewertet ($O_9 = 1$).
- Die Lage von Hilfsmitteln ist eindeutig vordefiniert ($O_{10} = 0$).

Folglich ergibt sich der Grad der Arbeitsorganisation zu:

$$Y_{2\,ST1/ST2} = \frac{1}{10}\sum_{i=1}^{10} 0{,}5 + 1 = 0{,}15$$

S_5 bestimmt sich aus der Summe der Y_i:

$$S_{5\,ST1/ST2} = 0{,}1655 + 0{,}15 = 0{,}3155$$

Daraus folgen die Belastungsvektoren mit:

$$G_{ST1} = 1 + 0{,}68 + 2{,}00 + 0{,}32 + 0{,}32 = 2{,}52$$

$$G_{ST2} = 1{,}26 + 1{,}26 + 0{,}200 + 0{,}32 + 0{,}32 = 3{,}36$$

und die Zuverlässigkeitsklassen mit:

$$Z_{ST1} = 1{,}2 * 2{,}52 * \log(2{,}52) + 1 = 2{,}21$$

$$Z_{ST2} = 1{,}2 * 2{,}36 * \log(3{,}36) + 1{,}26 = 3{,}37$$

Durch Interpolation innerhalb der Zuverlässigkeitsklassen aus Tabelle 6-10 können die Werte der Fehlereintrittswahrscheinlichkeiten bestimmt werden:

$$FEW_{ST1} = 0{,}00002$$

$$FEW_{ST2} = 0{,}000231$$

7.3.4 Inputparameter für das Simulationsmodell im Fallbeispiel

Nach Bestimmung der Fehlereintrittswahrscheinlichkeit sind alle notwendigen Parameter zur Simulation der zwei Prozessschritte festgelegt. Zusammengefasst sind diese in Tabelle 7-10. Die verwendeten Werte entsprechen hier den realen Daten aus dem Fallbeispiel.

Tabelle 7-10: Parameterwerte für Prozessschritt 1 des Fallbeispiels

Konstante	Prozessschritt 1	Prozessschritt 2	Einheit
Acceptable Defect Rate PS	0	0	%

Cycle Time PS	51,78	56,34	$\frac{Sekunden}{Produkt}$
Defect Appearance Probability PS	0,00002	0,000231	[−]
Defect Registration Rate PS	100	100	%
Inspection Frequency PS	0	0	$Produkte$
Inspection Time PS	0	0	$\frac{Sekunden}{Produkt}$
Planning PS	1000	-	$\frac{Produkte}{Tag}$
Resource Requirement for One Defect Reg. PS	30	30	$\frac{Sekunde}{Fehler}$
Shift Length PS	7	7	$Stunden$
Shifts per Day PS	2	2	$Schichten$

7.3.5 Simulation und Vergleich der Ergebnisse mit Daten des realen Produktionsprozesses

Nach der Ausführung des Simulationsmodells werden die zeitlichen Verläufe der Fehlerraten in beiden Produktionsschritten ausgewertet. Zu sehen sind diese Verläufe in Abbildung 7-6. Das Modell nach GLÖCKNER ET AL. geht von einem Produktionsanlauf beginnend bei t=0 aus. Daher findet zu Beginn der Simulation ein Einschwingen der Variablen statt.

Das Einschwingen bedeutet, dass die betrachtete Größe zunächst deutlich über den Zielwert hinauswächst und sich dann auf einen finalen Wert einstellt. Bei geregelten Systemen, wie dem Qualitätsregelkreis in diesem Modell, ist eine Einschwingphase nach Anregung des Systems (hier Produktionsstart) ein zu erwartendes Verhalten.[274]

Ab Tag 35 schwingen die Variablen nur noch periodisch um eine mittlere Fehlerrate (Zielwert). Diese mittlere Fehlerrate wird zum Vergleich der simulierten Ergebnisse mit den realen Werten verwendet.

[274] Vgl. Lunze, J.: Regelungstechnik 1, 2004, S. 341

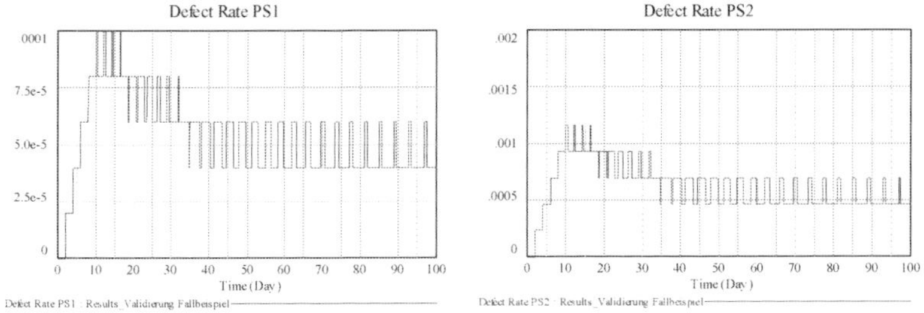

Abbildung 7-6: Simulationsergebnisse der Fehlerraten im Fallbeispiel

Zur Berechnung der realen Fehlerraten wurden alle produzierten Einheiten im Jahr 2016 betrachtet. Insgesamt wurden in diesem Zeitraum mehrere 100.000 Einheiten an den entsprechenden Stationen produziert. Zur Bestimmung der Fehlerrate wurden alle in diesem Zeitraum aufgetretenen Fehler betrachtet und jene Fehlerarten selektiert, die auf einen Fehler an Montagestation 1 bzw. 2 zurückgeführt werden konnten. Es ließen sich eine Fehlerart zur Montagestation 1 und drei Fehlerarten zur Montagestation 2 zuordnen. Die reale Fehlerrate konnte dann durch die Division der absoluten Anzahl der aufgetretenen Fehler mit der absoluten Anzahl aller produzierten Einheiten in diesem Zeitraum berechnet werden. In Tabelle 7-11 sind die Ergebnisse der Simulation und die realen Daten zusammenfassend dargestellt. Zusätzlich wurde die relative Abweichung des Simulationsergebnisses vom realen Wert bestimmt. An Station 1 liegt das Simulationsergebnis 12% unter dem realen Wert und an Montagestation 1 1% darüber.

Tabelle 7-11: Vergleich Simulationsergebnisse und reale Daten der Fehlerrate

	Ergebnis Simulation (gemittelt nach Einschwingvorgang)	Werte Real (Datenbasis 1 Jahr; >100.000 Teile)	Differenz	3-Sigma Bereich in % (Annahme Stdabw = 1 Fehler pro Jahr)
Montagestation 1	0,00005	0,00005747	-12%	+/- 20%
Montagestation 2	0,000575	0,00057	+1%	+/- 2%

Der Betrachtungszeitraum wurde insbesondere aufgrund der sehr niedrigen Fehlerrate an Montagestation 2 auf ein gesamtes Jahr festgelegt. Für eine Betrachtung auf Monatsebene liegen zu wenige Fehlerfälle vor. An Station 1 liegt die absolute Anzahl der Fehler im Jahr 2016 unter 100. Aufgrund von Änderungen an dem Produkt und der Montagestation war es nicht möglich, Daten für ein weiteres komplettes Jahr zu ermitteln, daher ist keine Berechnung einer Standardabweichung der Fehlerrate oder Fehleranzahl möglich. Trifft man die sehr konservative Annahme, dass die Standardabweichung der absoluten Fehleranzahl, jeweils nur ein Fehler (bezogen auf ein Jahr) ist, lässt sich ein Toleranzbereich im Sinne der Prozessstreuung (vgl. Qualitätsregelkarten, Prozessfähigkeit, Sigma-Niveau) zu +/- 3-Sigma definieren. Die Abweichungen des Simulationsergebnisses vom Realwert liegen innerhalb dieses 3-Sigma-Bereiches und werden daher als akzeptable Abweichung betrachtet.

7.4 Ableitung von Handlungsempfehlungen zur Beantwortung der Forschungsfrage

In diesem Kapitel wird das validierte Simulationsmodell verwendet werden, um Handlungsempfehlungen für die optimale Integration des Fehlermanagements in den Produktionsablauf zu generieren. Dazu wird ein weiteres Fallbeispiel betrachtet, das im Vergleich zum Validierungsbeispiel ein deutlich niedriges Prozessniveau aufweist. Die Optimierung wird durch die Anpassung der sogenannten Fehlermanagementstrategie erfolgen. Die Anpassung dieser Strategie ist als Veränderung der relevanten Eingangsgrößen im Modell zu verstehen. Eine Fehlermanagementstrategie im Sinne dieser Forschungsarbeit wird definiert als die Festlegung von Werten für die Parameter:

- Akzeptierte Fehlerrate
- Fehlererfassungsquote

Die Leistung der Fehlermanagementstrategie bestimmt sich entsprechend der Forschungsfrage aus der Zeit, die ein Mitarbeiter in der Montage zur Fertigstellung eines konformen Produktes benötigt. Hierzu wird das Zielsystem aus Kapitel 7.1.3 verwendet. In diesem Fallbeispiel wird eine Prozesskette in der manuellen Montage, bestehend aus zwei Prozessschritten, betrachtet. Die verwendeten Parameterwerte orientieren sich dabei an einem realen Fallbeispiel, sind aber durch als realistisch eingeschätzte Annahmen bezüglich der Parameterwerte ergänzt. Alle Eingangsgrößen des Beispiels sind in Tabelle 7-10 dargestellt.

Tabelle 7-12: Parameterwerte der Ausgangssituation im Fallbeispiel zur Optimierung

Konstante	Prozessschritt 1	Prozessschritt 2	Einheit
Acceptable Defect Rate PS	3	3	%
Cycle Time PS	121	126	$\frac{Sekunden}{Produkt}$
Defect Appearance Probability PS	0,01	0,015	$[-]$
Defect Registration Rate PS	10	10	%
Inspection Frequency PS	50	50	$Produkte$
Inspection Time PS	180	180	$\frac{Sekunden}{Produkt}$
Planning PS	150	-	$\frac{Produkte}{Tag}$
Resource Requirement for One Defect Reg. PS	45	45	$\frac{Sekunde}{Fehler}$
Shift Length PS	7,5	7,5	$Stunden$
Shifts per Day PS	1	1	$Schichten$

Die Kennwerte wurden in das bekannte Simulationsmodell übertragen und daraufhin Simulationen über einen Zeitraum von 50 Tagen durchgeführt. In diesen Simulationen wurde die Fehlermanagementstrategie stetig variiert, indem die zwei entsprechenden Parameterwerte angepasst wurden. Zur Bestimmung der Leistung über den gesamten Simulationszeitraum wurde die integrierende Variable *SUM OF OTV PS* ausgewertet, indem das Ergebnis eines Durchlaufs ins Verhältnis zu dem Ergebnis der Ausgangssituation gesetzt wurde. In Tabelle 7-13 sind die Resultate der unterschiedlichen Fehlermanagementstrategien dargestellt. Dieser Matrix ist die jeweilige Abweichung des Ergebnisses von der Ausgangssituation (links oben 0%) zu entnehmen. Angegeben ist diese Abweichung in Prozent. Es handelt sich bei allen alternativen Strategien um eine negative Abweichung, verglichen mit der Ausgangssituation. Eine Verringerung des Ergebnisses stellt eine Reduzierung des Zeitbedarfs dar und ist die gewünschte Optimierungsrichtung. Zur grafischen Darstellung wurden die Ergebnisse entsprechend eingefärbt. Dabei steht rot für eine geringe oder keine Leistungsverbesserung und grün für eine hohe Verbesserung. Die besten Ergebnisse konnten für eine minimale akzeptierte Fehlerrate und eine Fehlererfassungsquote um ca. 50% erreicht werden.

Tabelle 7-13: Matrix über die Zielerreichung bei Variation der Fehlermanagementstrategie

		Akzeptierte Fehlerrate			
		0,03	0,02	0,01	0
Fehlererfassungsquote	0,1	0,00%	0,43%	0,88%	1,11%
	0,2	2,76%	3,53%	4,30%	4,72%
	0,4	5,95%	6,38%	6,59%	6,63%
	0,6	6,13%	6,43%	6,56%	6,59%
	0,8	6,06%	6,32%	6,44%	6,46%

Neben der Leistungsfähigkeit der Gesamtstrategie konnten auch die Einflüsse der einzelnen Parameter analysiert werden. In Abbildung 7-7 ist der zeitliche Verlauf der Zielgröße dargestellt. Zu Grunde liegt hier die Zielgröße vor der Integration. Dadurch wird eine Bewertung in Abhängigkeit der Zeit ermöglicht. Variiert wird in Abbildung 7-7 ausschließlich die Fehlererfassungsquote. Die akzeptierte Defektrate wird auf ihrem Ausgangsniveau konstant gehalten. Das Diagramm zeigt, dass bis zum Tag 15 keine offensichtlichen Abweichungen in den Zielgrößenverläufen zu erkennen sind. Ab diesem Tag wird deutlich, dass durch eine Erhöhung der Fehlererfassungsrate eine Verbesserung (Reduzierung des Zeitbedarfs) erreicht werden kann. Ab einer Fehlererfassungsrate von ca. 40% ist keine weitere Verbesserung mehr im Diagramm zu erkennen. Hier scheint ein abnehmender Grenznutzen einer Erhöhung der Fehlererfassungsrate vorzuliegen. Gemäß den Simulationsergebnissen ist es daher nicht zielführend, alle Fehler tatsächlich zu erfassen, da nach Überschreitung eines Grenzwertes keine weitere Leistungsverbesserung mehr erreicht werden kann. Die Simulationsergebnisse indizieren, dass eine optimale Fehlererfassungsquote existiert, die für eine Maximierung der Leistungsfähigkeit einzustellen ist.

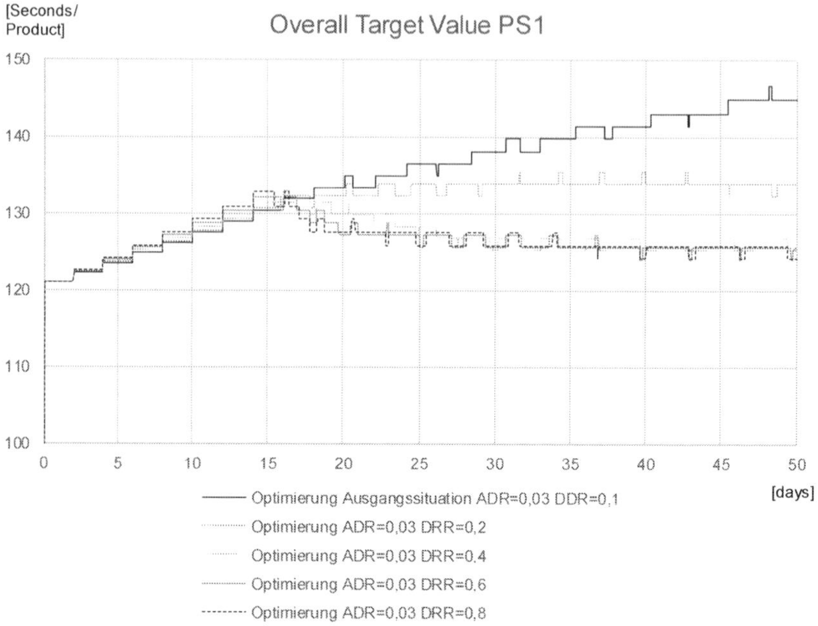

Abbildung 7-7: Einfluss der Fehlererfassungsquote auf die Zielerreichung[275]

In Abbildung 7-8 ist die Veränderung der Zielerreichung bei einer Änderung der akzeptierten Fehlerrate dargestellt. Die Fehlererfassungsrate wird dabei im Optimum konstant gehalten. Der Einfluss dieses Parameters auf die Zielgröße ist dabei deutlich geringer. Der größte Unterschied findet sich in der Verringerung des Maximums des Zeitbedarfs an Tag 15. Dieses Maximum reduziert sich mit Senkung des Einflussparameters.

---

[275] Vergrößerte Darstellung in Anhang A.2

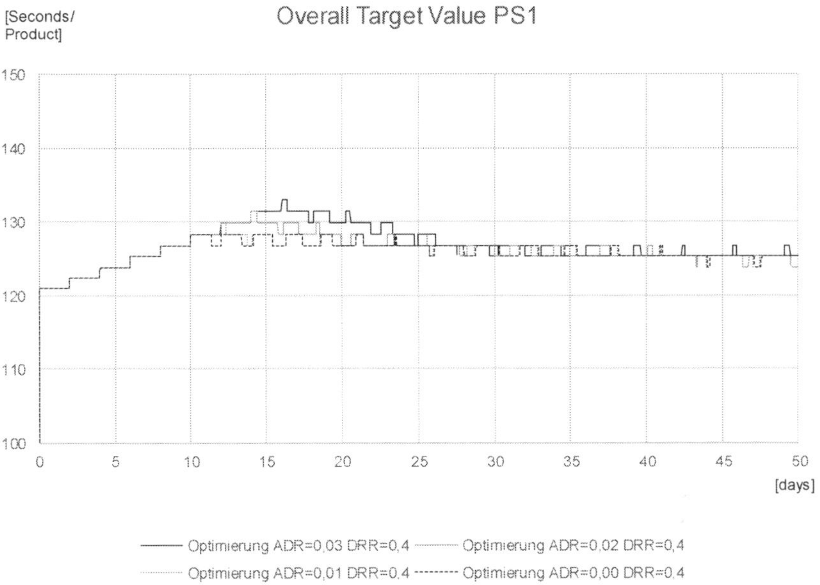

Abbildung 7-8: Einfluss der akzeptierten Fehlerrate auf die Zielerreichung[276]

Zur weiteren Charakterisierung des Einflusses der beiden Parameter aus der Fehlermanagementstrategie wurde eine Varianzanalyse durchgeführt. Hierzu wird die *SUM OF OTV PS* als Zielvariable definiert und die beiden Einflussparameter als Faktoren gesetzt. Werte der Zielvariablen und entsprechende Faktorstufen können analog zu Tabelle 7-13 verwendet werden. Für die Zielvariable werden in der Varianzanalyse die absoluten Werte aus den Simulationsergebnissen eingesetzt. In Abbildung 7-9 sind die Einflüsse der beiden Parameter auf die Zielgröße durch das Haupteffektdiagram der Varianzanalyse grafisch veranschaulicht.

---

[276] Vergrößerte Darstellung in im Anhang A.3

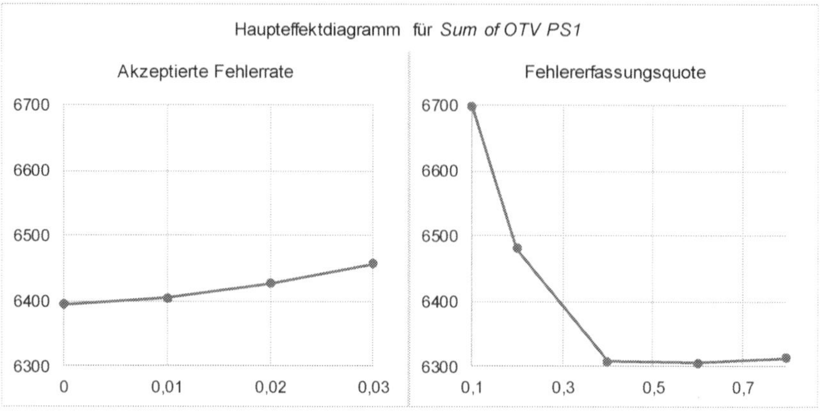

Abbildung 7-9: Ergebnis der Varianzanalyse zur Charakterisierung des Einflusses der Fehlermanagementstrategie auf die Zielerreichung

Das Haupteffektdiagramm der akzeptierten Fehlerrate zeigt dabei, wie erwartet, den deutlich geringeren Einfluss. Der entsprechende Graph weist einen leicht exponentiellen Verlauf auf. Hohe Raten sollten hier vermieden werden, um die Zielgröße zu minimieren. Das Haupteffektdiagramm der Fehlererfassungsquote stellt dar, dass niedrige Raten (zwischen 10% und 20%) einen negativen Effekt auf die Zielgröße haben, der sich bei Erhöhung der Rate bis ca. 50% deutlich reduziert. Nach Überschreiten dieses Optimums kommt es wiederum zu einer leichten Verschlechterung der Zielgröße. Grund dafür ist, dass der Aufwand zur Fehlererfassung weiter steigt, ohne dass sich die Fehlerabstellung in gleichem Maße verbessert. Die Modellergebnisse implizieren somit, dass eine vollständige Erfassung aller Fehler zur Optimierung der Zielgröße nicht anzustreben ist. Abschließend kann die eingangs gestellte Forschungsfrage positiv beantwortet werden. Die Simulationsergebnisse des validierten Modells demonstrieren, dass der Einsatz einer optimierten Fehlermanagementstrategie zu einer Senkung des Zeitbedarfs eines Mitarbeiters zur Montage eines konformen Produktes führen kann.

7.5 Fazit

Für die optimale Einbindung der Fehlerabstellung in die manuelle Montage sollte ein Unternehmen seine akzeptierte Defektrate geringhalten und die optimale Fehlererfassungsquote identifizieren. Hinsichtlich des Einstellens dieses Optimums ist festzuhalten, dass die Folgen einer zu hohen Erfassungsrate auf die Gesamtzielerreichung deutlich geringer sind als die einer zu niedrigen. Offensichtlich wird das in Abbildung 7-9. Bei Unterschreitung einer gewissen Rate fällt die Leistungsfähigkeit annähernd exponentiell ab, wohingegen bei einer Überschreitung des Optimums nur eine sehr moderate Verschlechterung festzustellen ist. Dieser exponentielle Abfall in der Leistungsfähigkeit könnte sogar ein erstes Indiz für den Übergang in die Instabilität des Gesamtsystems sein. Bei einem instabilen System wächst die Zielgröße über jede Grenze hinaus, das Gesamtsystem wird so unkontrollierbar, da keine wirksame Regelung mehr vorliegt.[277] Daher sollte die Fehlererfassungsrate im Zweifel zunächst maximiert werden. Besonders wichtig hinsichtlich der praktischen Anwendung dieser theoretischen Empfehlungen ist die Tatsache, dass das hier verwendete Optimierungsmodell voraussetzt, dass ein erfasster Fehler auch einem funktionsfähigen Fehlerabstellprozess zugeführt wird. Daher ist insbesondere zu prüfen, ob der gesamte Prozess zur Fehlerabstellung von der Erfassung bis zur nachhaltigen Abstellung konsequent durchlaufen wird. Es ist nicht ausreichend, einen Fehler nur aufzunehmen und Fehlerdaten zu analysieren. Erst die tatsächliche Entwicklung und Einführung von wirksamen Abstellmaßnahmen führt zu einer Verbesserung des Produktionssystems. Daher kann der Aufwand, der in einen Fehlerabstellprozess investiert wird, nur wirtschaftlich sinnvoll sein, wenn die Fehlerabstellung bis zum letzten Schritt durchgeführt wird. Alle betrieblichen Fehlermanagementaktivitäten, die nicht systematisch in einer tatsächlichen Fehlerabstellung enden können, sind kritisch bezüglich ihrer Sinnhaftigkeit für das Unternehmen zu hinterfragen.

[277] Vgl. Orlowski, P.: Praktische Regeltechnik, 2013, S. 177 f.

8 Zusammenfassung, Limitationen und Ausblick

Abschließend können die Forschungsergebnisse zusammengefasst und reflektiert werden. Während der Modellerstellung wurden zahlreiche Annahmen getroffen und Einschränkungen vorgenommen, was zu Limitationen beim Einsatz des Modells führt. Diese Limitationen des Modells werden abschließend beschrieben und weiterer Forschungsbedarf aufgezeigt.

8.1 Zusammenfassung

Das Ziel dieser Arbeit ist die Optimierung des produktionsnahen Fehlermanagements. Dazu wurde nicht der Fehlermanagementprozess isoliert betrachtet und optimiert, sondern insbesondere auf die Wechselwirkungen mit den operativen Tätigkeiten in einer Montagelinie eingegangen. Die Motivation für diese Arbeit resultierte aus dem Zielkonflikt zwischen den kurzfristigen Zielen der Produktion und langfristigen Zielen der nachhaltigen Fehlerabstellung. Trotz der engen Verknüpfung dieser Prozesse wurden gerade Fehlerabstellprozesse häufig unabhängig von den wertschöpfenden Prozessen definiert und optimiert. In der vorliegenden Dissertation wurde genau dieser Zielkonflikt aufgegriffen und in einem Teil des Wertschöpfungsprozesses von produzierenden Unternehmen, der manuellen Montage von Produkten, untersucht. Zur Analyse wurde ein Simulationsmodell erzeugt, das die Fehlerabstellung und Wertschöpfung in der manuellen Montage integriert betrachtet, um zu zeigen, dass durch eine optimale Fehlerabstellung auch die Ziele der Produktion verbessert werden können und der Zielkonflikt nur in der Betrachtung eines unterschiedlichen Zeitfensters liegt (langfristig vs. kurzfristig) Als Forschungsmethode wurde das Modell zur angewandten Forschung im Theorie- und Praxisbezug von ULRICH herangezogen. Abgeglichen wurde dieses Modell nach ULRICH mit dem Vorgehen nach RABE zur Simulationsmodellentwicklung, um einem wesentlichen Teil des Konzepts in dieser Arbeit gerecht zu werden.

Zur fundierten Konzeptentwicklung wurden zunächst die relevanten Begriffe Fehler und Fehlermanagement definiert. Bezüglich eines Fehlers wurden insbesondere die Definitionen der DIN ISO 9000 und von WEINGARDT aufgegriffen. Zur Abgrenzung des Begriffs Fehlermanagement wurde die Beschreibung von LINß bemüht, nach der das Fehlermanagement alle Maßnahmen zur nachhaltigen Vermeidung und Vorbeugung von Fehlern umfasst. Der entsprechende Prozess dazu wird folglich als Fehlerabstellprozess bezeichnet. Diese Prozesse konnten im Aachener Modell für Qualitätsmanagement verortet werden. Aus dieser Bezugnahme folgte die Erkenntnis, dass der Fehlerabstellprozess gemeinsam mit der manuellen Montage einen Qualitätsregelkreis bildet. Weiterhin wurden die bereits existierenden Prozessmodelle zur Fehlerabstellung untersucht und inhaltlich verglichen. Um die Grundlage für eine Integration der Prozesse in die Produktion zu ermöglichen, wurden anschließend die Elemente der Produktionswirtschaft untersucht.

Nach Analyse der notwendigen Grundlagen konnte tiefer in die Thematik der Qualitätsregelkreise eingestiegen werden. Neben der theoretischen Beschreibung von solchen Regelkreisen existieren auch bereits einige Ansätze, die detaillierte Modelle zur Integrationen von Produktions- und Qualitätsprozessen beinhalten. Die meisten dieser Ansätze thematisieren auch bereits ein Simulationsmodell im Sinne dieser Forschungsarbeit. Daher wurden die Ansätze mit den zu Beginn von Kapitel 3 definierten Anforderungen abgeglichen und letztendlich das Modell nach GLÖCKNER ET AL., als Ansatz mit dem höchsten Erfüllungsgrad, zum Ausgangsmodell für diese Forschungsarbeit gewählt.

Das dynamische Modell nach GLÖCKNER ET AL. besteht aus den fünf Teilmodellen Ressourcen Produktion, Fehlerentstehung, Fehlerwissen und Fehlermanagement. Diese Teilmodelle wurden detailliert analysiert und insbesondere die Schnittstellen zwischen ihnen beschrieben. Grundlage für diese Detailanalyse war das in der Software Vensim® programmierte Simulationsmodell von GLÖCKNER ET AL. Anhand der Betrachtung des direkten Quellcodes zur Modellsimulation war es möglich, ein tiefes Verständnis für die abgebildeten Wirkbeziehungen zu erlangen. An vielen Stellen des Modells ist die Verwendung von spezifischen Modellparametern, wie zum Beispiel der durchschnittlichen Effektivität von Maßnahmen und vielen ähnlichen Werten, notwendig. Für einen Großteil der Werte wurde eine Übernahme der definierten Standardwerte als zielführend betrachtet. Die Notwendigkeit der weiteren Quantifizierung von Parametern wurde bei der Herleitung des Handlungsbedarfes entlang der einzelnen Teilmodelle deutlich. Von den fünf Teilmodellen konnten die Modell zum Fehlerwissen sowie die darin enthaltenen Standardwerte ohne umfangreiche Anpassungen übernommen werden. Bei den Teilmodellen zum Fehlermanagement und den Ressourcen mussten Erweiterungen aufgrund der Detaillierung des Modells in der manuellen Montage durchgeführt werden. In das Modell zum Fehlermanagement wurden die für die Monteure relevanten Schritte der Fehlererkennung und Erfassung aufgenommen. Auch die dafür notwenigen Ressourcen mussten entsprechend erfasst werden. Eine Neukonzeption war in dem Teilmodell der Produktion notwendig, da hier eine wesentlich höhere Detaillierungstiefe erreicht werden musste.

Die Ausarbeitung des Erweiterungskonzepts für das Gesamtmodell ist Inhalt von Kapitel 5. Dazu wurde das gesamte Modell zunächst innerhalb eines beispielhaften Unternehmens verortet, um den Bezugsbereich der einzelnen Teilmodelle zu definieren. Nach Definition des grundsätzlichen Konzepts zur Modellerweiterung wurde für jedes der Teilmodelle ein Causal-Loop-Diagramm entwickelt. Anschließend wurde ein Zielsystem zur späteren Beantwortung der Forschungsfrage definiert. Die Causal-Loop-Diagramme sind eine Anwendungsform der Modellierungsmethode System Dynamics und bilden die Grundlage für die spätere Programmierung. Während der Herleitung des Modellkonzepts für das Teilmodell Produktion wurde ein Bedarf zur Quantifizierung des Modellparameters Fehlereintrittswahrscheinlichkeit identifiziert. Dieser Parameter legt die Wahrscheinlichkeit fest, mit der eine – im Unternehmen vorliegende – Fehlerursache zu einem Fehlereintritt am Produkt führt. Der Wert dieses Parameters muss für jeden einzelnen Produktionsprozessschritt spezifisch identifiziert werden – für diese Quantifizierung fehlte eine geeignete Methode.

Da es sich bei dem betrachteten Ausschnitt der Produktion um die manuelle Montagetätigkeit handelt, wurden diverse Methoden zur Bewertung der menschlichen Fehlerwahrscheinlichkeit auf ihren möglichen Einsatz in diesem Modell überprüft. Nach Definition der Anforderungen an eine geeignete Methode und der Ermittlung des entsprechenden Erfüllungsgrades für jedes

Verfahren konnte das Expertensystem zur Aufgabentaxonomie (ESAT) als geeignetste Methode identifiziert werden. Dieses System aus der Luft- und Raumfahrt wurde an die Anforderungen der manuellen Montage in Produktionsbetrieben angepasst. Grundlage für diese Adaption war die Befragung von über 50 Mitarbeitern, die in direktem Kontakt mit der manuellen Montage arbeiten. Zur Informationsbeschaffung wurden Workshops und Fragebögen einsetzt. Nach Anpassung der Methode waren die theoretischen Grundlagen zur Erstellung des Simulationsmodells fertiggestellt.

Das weiterentwickelte Modell konnte jetzt als simulationsfähiges System Dynamics Modell programmiert werden. Mit diesem Simulationsmodell wurden zwei Schritte eines realen Montageprozesses nachgebildet, über den alle Daten zum Erstellen des Modells und zum Validieren der Simulationsergebnisse dokumentiert waren. Durch den Abgleich der Simulationsergebnisse mit den realen Daten konnten die Anwendbarkeit des Modells in einem definierten Toleranzbereich nachgewiesen werden. Abschließend wurde das validierte Modell eingesetzt, um die Forschungsfrage zu beantworten und Handlungsempfehlungen im Fehlermanagement abzuleiten. Anhand der Simulationsergebnisse konnte gezeigt werden, dass durch die Anpassung der Fehlermanagementstrategie die Zeit, die ein Mitarbeiter zur Montage eines konformen Produktes benötigt, verringert werden konnte. Insbesondere wurde festgestellt, dass ein Optimum für die Fehlererfassungsquote existiert. Die Fehlererfassungsquote beschreibt den Anteil der existierenden Produktfehler, der einem Fehlermanagementprozess zugeführt wird, um die Fehlerursache abzustellen. Der Einfluss dieses Parameters wurde mit Hilfe einer Varianzanalyse beschrieben. Daraus geht hervor, dass eine Fehlererfassungsquote, die deutlich unter dem Optimum liegt, zu einem bedeutenden Leistungsabfall im gesamten Produktionssystem führen kann. Andererseits bewirkt die Maximierung der Fehlererfassungsquote in Richtung 100% eine Ineffizienz, da der so entstehende Mehraufwand für die Fehlererfassung nicht mehr durch die gesteigerte Leistung des Fehlermanagements kompensiert werden kann. Letztlich konnte die eingangs gestellte Forschungsfrage positiv beantwortet werden:

Kann der notwendige Zeitaufwand eines Mitarbeitenden zur Montage eines konformen Produkts in der manuellen Montage reduziert werden, indem die Fehlererfassungsquote und die akzeptierte Defektrate in einem Prozessschritt optimiert werden?

In Kapitel 7.4 wurde gezeigt, dass eine Anpassung dieser beiden strategischen Parameter zu einer Verbesserung in der Zielvariable Zeitaufwand führen kann.

8.2 Limitationen

Während der Modellerstellung wurden sowohl in dieser Arbeit als auch im Ausgangsmodell von GLÖCKNER ET AL. zahlreiche Annahmen getroffen und Einschränkungen vorgenommen, was zu Limitationen beim Einsatz des Modells führt. Diese Limitationen des Modells werden abschließend aufgezeigt.

Das Simulationsmodell berücksichtigt die Nacharbeit von fehlerhaft produzierten Einheiten, indem diese dem Fertigungsprozess erneut zugeführt werden. Ein Ausschuss (das Verschrotten von fehlerhaften Produkten) ist nicht vorgesehen. Bezüglich des Anwendungsfalls „Montage“ ist die vollständige Verschrottung des gesamten Produkts unrealistisch, jedoch ist die Verschrottung einzelner Bauteile oder Verbrauchsmaterialen wie Schrauben möglich. Dieser Ausschuss von Anbauteilen ist im Modell nicht abgebildet. Es wird bei Bearbeitung vereinfacht davon ausgegangen, dass die Nacharbeit eines Produktes exakt den gleichen Aufwand benötigt wie die Montage eines neuen Produkts. Zeitverluste für Demontage oder Zeitersparnisse für korrekte Teilmontagen werden nicht berücksichtigt. Um diese Modellunschärfe zu verringern, kann das Modell um eine präzisere Abbildung der möglichen Folgen von Nacharbeiten erweitert werden.

Das Modell liefert ein Werkzeug zur Optimierung der Produktion über die Veränderung der Fehlermanagementstrategie. Dabei werden die Aufwände der Monteure im Fehlermanagement berücksichtigt. Aufwände vom übrigen Personal im Fehlermanagement werden jedoch nicht mit in die Optimierung einbezogen. Hier besteht Erweiterungspotential in Bezug auf die Integration eines Rollenmodells, sodass Aufwände des Fehlermanagements in den verschieden Personengruppen miteingeschlossen werden können.

Zur Analyse der Leistungsfähigkeit und der Verbesserungspotentiale in einem Unternehmen liegt häufig eine Kostenbetrachtung nahe. Solche Kosten können zum Beispiel Personal-, Material- oder auch Opportunitätskosten beinhalten. Eine umfangreiche Kostenbetrachtung war allerdings nicht Teil dieser Forschungsarbeit. Zur Bewertung der Unternehmensleistung wurde vorrangig der Zeitbedarf verwendet. In einer möglichen Erweiterung könnten diese Zeiten zu Kosten hochgerechnet werden.

8.3 Ausblick

Zusätzliche Erweiterungsmöglichkeiten des Forschungsansatzes bestehen hinsichtlich der Flexibilität bei der Abbildung von Produktionsprozessen. In dem Modell wird aktuell in jedem Fertigungsschritt eine Prüfung durchgeführt; in einer Erweiterung könnte das Ergebnis mehrerer Prozessschritte in einer gemeinsamen Prüfung bewertet werden. Denkbar ist auch, das Modell zur Abbildung von Alternativen im Produktionsablauf zu befähigen. In dem Ansatz dieser Forschungsarbeit werden nur Prozesse abgebildet, die eine starre und gleichartige Fertigungsfolge besitzen. Ferner wäre eine Möglichkeit zur Integration von optionalen Prozessschritten denkbar. Hierdurch würde ermöglicht, mehr als eine Produktart in der Produktionslinie abzubilden.

Im Fokus der Forschungsfrage standen die Auswirkungen der eingesetzten Fehlermanagementstrategie. Das Simulationsmodell geht von einer statischen Strategie aus, das bedeutet, die Parameter werden zu Simulationsbeginn festgelegt und danach nicht weiter angepasst. Gerade im Hinblick auf die Berücksichtigung eines Produktionsanlaufs zu Beginn der Simulation erscheint eine Anpassung der Fehlermanagementstrategie in Abhängigkeit von der Zeit als sinnvoll. Die Integration einer dynamischen Strategie ist eine potentielle Erweiterungsmöglichkeit des Modells, um die Modellqualität zu erhöhen.

In dem Simulationsmodell wird auch nach der Weiterentwicklung des Forschungsansatzes nach GLÖCKNER ET AL. noch eine Vielzahl von Parametern verwendet, für die eine präzisere Quantifizierung möglich ist. So könnte, ähnlich wie es in Kapitel 6 für den Parameter Fehlereintrittswahrscheinlichkeit umgesetzt wurde, eine Methode zur Bewertung der Qualität der Fehlerursachenanalyse (*Quality of Root Cause Analysis*) entwickelt werden.

V Literaturverzeichnis

A.T. Kearney GmbH: Qualität 4.0: Präventiv, holistisch und zukunftssicher. URL: https://www.atkearney.de/documents/856314/11139816/Quality+4-Preventive+Holistic+Future-Proof_DEUTSCH_04.pdf/9c86d61c-1e48-49ab-9caf-7260f63994e0, zuletzt geprüft am: 28.04.2018.

Bachleitner, R.; Weichbold, M.; Aschauer, W.: Die Befragung im Kontext von Raum, Zeit und Befindlichkeit: Beiträge zu einer prozessorientierten Theorie der Umfrageforschung. VS Verlag für Sozialwissenschaften, 2010.

Benger, A.: Gestaltung von Wertschöpfungsnetzwerken. Berlin. GITO, 2007.

Benjamin, G.: The Oxford Handbook of New York State Government and Politics. OUP USA, 2012.

Bloech, J.; Bogaschewsky, R.; Götze, U., et al.: Einführung in die Produktion. Physica-Lehrbuch. Heidelberg. Physica-Verlag HD; Imprint; Physica, 2001.

Bloech, J.; Lücke, W.: Produktionswirtschaft. Grundwissen der Ökonomik: Betriebswirtschaftslehre, Bd. 860. Stuttgart [u.a.]. Fischer, 1982.

Bokranz, R.; Landau, K.: Handbuch Industrial Engineering. Produktivitätsmanagement mit MTM. 2. Auflage. Stuttgart. Schäffer-Poeschel, 2012.

Boring, R. L.: Advances in Human Error, Reliability, Resilience, and Performance: Proceedings of the AHFE 2017 International Conference on Human Error, Reliability, Resilience, and Performance, July 17–21,2017, The Westin Bonaventure Hotel,Los Angeles, California, USA. Springer International Publishing, 2017.

Brandes, J.-W.: Die Bedeutung des Störschalls als Fehlerquelle bei schulaudiometrischen Verfahren.

Brauser, K.: Aufgabentaxonomie. Ein Verfahren zur Ermittlung der menschlichen Leistung bei der Durchführung von Aufgaben. Technische Niederschrift / Messerschmitt-Bölkow-Blohm GmbH, Hubschrauber und Flugzeuge TN S. München. MBB Hubschrauber u. Flugzeuge, 1990.

Brauser, K.: ESAT- Ein neues Verfahren zur Abschätzung der menschlichen Zuverlässigkeit. DGLR, 1992.

Brosius, H.-B.; Haas, A.; Koschel, F.: Methoden der empirischen Kommunikationsforschung. Eine Einführung. Studienbücher zur Kommunikations- und Medienwissenschaft. 6. Auflage. Wiesbaden. Springer VS, 2012.

Bubb, H.: Ergonomie. Herausforderung einer technischen Welt ; zum 70. Geburtstag von Prof. Dr. H. Schmidtke. Lengerich. Pabst, 1995.

Bullinger, H.-J.; Warnecke, H. J.; Westkämper, E.: Neue Organisationsformen im Unternehmen. Ein Handbuch für das moderne Management. VDI-Buch. 2. Auflage. Berlin, Heidelberg. Springer Berlin Heidelberg; Imprint; Springer, 2003.

Colledani, M.; Tolio, T.: Impact of Quality Control on Production System Performance. CIRP Annals - Manufacturing Technology. 55. Jg., 2006, Nr. 1, S. 453–456.

Colledani, M.; Tolio, T.: Integrated quality, production logistics and maintenance analysis of multi-stage asynchronous manufacturing systems with degrading machines. CIRP Annals - Manufacturing Technology. 61. Jg., 2012, Nr. 1, S. 455–458.

Dabaneh, A. J., Swanson, N. & Shell, R. L.: Impacts of added rest breaks on the productivity and well being of workers. Ergonomics, 2001, Nr. 44.

Deutsches Institut für Normierung: Quality management systems - Fundamentals and vocabulary. DIN EN ISO, 9000:2015. Beuth Verlag. Berlin, 2015.

Duffey, R.: The Probability and Statistics of Human Error. In: Karwowski, Waldemar (Hrsg.): International encyclopedia of ergonomics and human factors. Boca Raton, FL. CRC/Taylor & Francis, 2006.

Dyckhoff, H.: Produktionstheorie. Grundzüge industrieller Produktionswirtschaft : mit 20 Tabellen. Springer-Lehrbuch. 5. Auflage. Berlin, Heidelberg. Springer, 2006.

Eberhardt, O.: Risikobeurteilung mit FMEA. Die Fehler-Möglichkeits- und Einfluss-Analyse gemäß VDA-Richtlinie 4.2 ; die Risikobeurteilung von Maschinen gemäß EU-Richtlinie 2006/42/EG. Edition expertsoft, Bd. 63. 4. Auflage. Renningen. expert Verlag, 2015.

Edmund Heinen: Betriebswirtschaftliche Kostenlehre. Kostentheorie und Kostenentscheidungen. Wiesbaden. Gabler Verlag, 1983.

Ellinger, T.; Haupt, R.: Produktions- und Kostentheorie. Sammlung Poeschel, Bd. 111. 3. Auflage. Stuttgart. Schäffer-Poeschel, 1996.

Ellouze, W.: Entwicklung eines Modells für ein ganzheitliches Fehlermanagement. Ein prozessorientiertes Referenzmodell zum effizienten Fehlermanagement. Berichte aus der Fertigungstechnik. Aachen. Shaker-Verlag, 2010.

Embrey, D. E.; Rosa, E. A.; Kirwan, B., et al.: SLIM - MAUD: An SLIM SLIM-MAUD: An approach to assessing human error probabilities using structured expert judgment. Volume I: Overview of SLIM-MAUD. NUREG/CR-3518. Prepared for the US NRC, 1984.

Evans, J. R.; Lindsay, W. M.: Managing for quality and performance excellence. 7. Auflage. Mason, OH. Thomson/South-Western, 2008.

Fahrmeir, L.; Heumann, C.; Künstler, R., et al.: Statistik: Der Weg zur Datenanalyse. Springer Berlin Heidelberg, 2016.

Fandel, G.: Produktion I. Produktions- und Kostentheorie. Berlin, Heidelberg. Springer Berlin Heidelberg, 1996.

Forrester, J. W.; Senge, P. M.: Tests for building confidence in system dynamics models. D, 2926-4. System Dynamics Group, Sloan School of Management, Massachusetts Institute of Technology, 1979.

Forschungsmethoden und Evaluation. Springer-Lehrbuch. [New York]. Springer Medizin Verlag Heidelberg, 2006.

Freitag, M.: Modellierung und Analyse von Produktionssystemen mit Methoden der nichtlinearen Dynamik. Informationstechnische Systeme und Organisation von Produktion und Logistik, Bd. 3. Berlin. GITO, 2005.

Friedemann W. Nerdinger: Arbeits- und Organisationspsychologie. Mit 51 Tabellen. Springer-Lehrbuch. 3. Auflage. Berlin, Heidelberg. Springer, 2014.

Frieling, E.: Lernen durch Arbeit. Entwicklung eines Verfahrens zur Bestimmung der Lernmöglichkeiten am Arbeitsplatz. Münster. Waxmann, 2006.

Fujita, Y.: Human reliability analysis. A human point of view. Reliability Engineering & System Safety. 38. Jg., 1992, 1-2.

Gertman, D. I.; Blackman, H. S.: Human Reliability and Safety Analysis Data Handbook. Wiley, 1994.

Gesellschaft für Reaktorsicherheit; Deutschland: Deutsche Risikostudie Kernkraftwerke, Phase B. Eine Untersuchung. Köln. Verl. TÜV Rheinland, 1990.

Gläser, J.; Laudel, G.: Experteninterviews und qualitative Inhaltsanalyse als Instrumente rekonstruierender Untersuchungen. Lehrbuch. 4. Auflage. Wiesbaden. VS, Verl. für Sozialwiss, 2010.

Glöckner, H.; Schmitt, R.: Analyzing the Feedback Structure of Failure Management in Manufacturing Systems. Proceedings of the 1st International Conference on Quality Engineering and Management, 2014, S. 469–778.

Glöckner, H.; Tuertmann, R.; Falk, B., et al.: Analyzing the Feedback Structure of Production Defect Management. In: Majstorovic, Vidosav D. (Hrsg.): Proceedings. May 27th - 30th, 2007, Belgrade, Serbia ; [TQM]. MEF Mechanical Engineering Faculty. Belgrade, 2017, S. 68–77.

Götze, U.: Investitionsrechnung. Modelle und Analysen zur Beurteilung von Investitionsvorhaben. Gabler, 2015.

Götze, U.; Mikus, B.: Strategisches Management. Lehrbuchreihe, Bd. 3. Chemnitz. GUC, 1999.

Gray, W. D.: Integrated Models of Cognitive Systems. Oxford University Press, 2007.

Hacker, W.: Allgemeine Arbeitspsychologie. Psychische Regulation von Wissens-, Denk- und körperlicher Arbeit. Schriften zur Arbeitspsychologie, Bd. 58. 2. Auflage. Bern. Huber, 2005.

Hackman, J. R.; Oldham, G. R.: The job diagnostic survey. An instrument for the diagnosis of jobs and the evaluation of job redesign projects. Technical report, Bd. 4. New Haven/Conn. Yale Univ, 1974.

Hackman, J. R.; Oldham, G. R.: Work redesign. Addison-Wesley series on organization development. Reading, Mass. Addison-Wesley, 1980.

Hackman, J. R.; Oldham, G. R.: Development of the job diagnostic survey. Business and management research methodologies : deductive research methodologies, 2006.

Hannaman, G. W.; Spurgin, A. J.; Lukic, Y. D.: Human Cognitive Reliability Model for PRA Analysis., 1984.

Hans Blohm; Thomas Beer; Ulrich Seidenberg, et al.: Produktionswirtschaft. Mit Kontrollfragen sowie Aufgaben und Lösungen. 3. Auflage. Herne. Neue Wirt.-Briefe, 1997.

Heeg, F. J.: Moderne Arbeitsorganisation. Grundlagen d. organisator. Gestaltung von Arbeitssystemen bei Einsatz neuer Technologien. München, Wien. Hanser, 1988.

Heil, M.: Entstörung betrieblicher Abläufe. Deutscher Universitätsverlag, 2013.

Hennings, W.; Mertens, J.; Reer, B.: Methodik der Risikoanalyse für Kernkraftwerke. Eine bewertende Bestandsaufnahme mit Bezug auf regionale Sicherheitsplanung. Polyprojekt Risiko und Sicherheit Dokumente, Bd. 10. Zürich. vdf Hochschulverl. an der ETH, 1995.

Herbert Jacob: Produktions- und Absatzprogrammplanung. In: Kern, Werner (Hrsg.): Handwörterbuch der Produktionswirtschaft. Enzyklopädie der Betriebswirtschaftslehre, Bd. 7. Stuttgart. Schäffer-Poeschel, 1996, S. 1468–1483.

Hollnagel, E.: Cognitive Reliability and Error Analysis Method (CREAM) Elsevier Science, 1998.

Hompel, M. ten; **Sadowsky, V.; Beck, M.:** Kommissionierung. Materialflusssysteme 2 - Planung und Berechnung der Kommissionierung in der Logistik. VDI-/Buch]. Berlin. Springer, 2011.

Jacob, H.: Industriebetriebslehre. Handbuch für Studium und Prüfung. 4. Auflage. Wiesbaden. Gabler Verlag, 1990.

Jarke, M.; Klamma, R.: Innovation durch rechnergestütztes Fehlermanagement: Ergebnisse des BMBF-Projekts FOQUS. In: Hummeltenberg, Wilhelm (Hrsg.): Information Management for Business and Competitive Intelligence and Excellence. Wiesbaden. Vieweg+Teubner Verlag, 1998, S. 247–264.

Jarke, M.; Klamma, R.: Wissensbasiertes Verbesserungsmanagement. Wie Unternehmen aus Fehlern lernen und durch Erfahrungen klüger werden. Wissensmanagement, 2003, Nr. 4, S. 22–24.

Kai-Ingo Voigt: Gabler Wirtschaftslexikon. URL: http://wirtschaftslexikon.gabler.de/Archiv/72509/durchlaufzeit-v4.html.

Kern, W.: Industrielle Produktionswirtschaft. Sammlung Poeschel, Bd. 5. 5. Auflage. Stuttgart. C.E. Poeschel, op. 1992.

Kern, Werner (Hrsg.): Handwörterbuch der Produktionswirtschaft Stuttgart, 1979. **Kern**, Werner (Hrsg.).

Kilger, W.: Optimale Produktions- und Absatzplanung. Entscheidungsmodelle für den Produktions- und Absatzbereich industrieller Betriebe. Wiesbaden. VS Verlag für Sozialwissenschaften, 1973.

Kim, J.; Gershwin, S. B.: Integrated quality and quantity modeling of a production line. In: Liberopoulos, George; Papadopoulos, Chrissoleon T.; Tan, Barış; Smith, J. M.; Gershwin, Stanley B. (Hrsg.): Stochastic Modeling of Manufacturing Systems. Berlin/Heidelberg. Springer-Verlag, 2006, S. 121–148.

Kirwan, B.: A Guide To Practical Human Reliability Assessment. Taylor & Francis, 1994.

Kruschwitz, L.: Investitionsrechnung. Internationale Standardlehrbücher der Wirtschafts- und Sozialwissenschaften. 10. Auflage. München. R. Oldenbourg, op. 2005.

Laschet, A.: Konzeption eines Fehlerinformations- und -bewertungssystems. Ein Beitrag zur Ermittlung und Reduzierung des Fehlleistungsaufwands in Unternehmen. Aachen, 1995.

Leitfaden zur DIN EN 12464-1. Beleuchtung von Arbeitsstätten - Teil 1: Arbeitsstätten in Innenräumen Berlin, 2006.

Linß, G.: Qualitätsmanagement für Ingenieure. 3. Auflage. München. Fachbuchverl. Leipzig im Carl-Hanser-Verlag, 2011.

Lunze, J.: Regelungstechnik 1. Systemtheoretische Grundlagen, Analyse und Entwurf einschleifiger Regelungen. Springer-Lehrbuch. 4. Auflage. Berlin, Heidelberg. Springer Berlin Heidelberg; Imprint; Springer, 2004.

Lunze, J.: Regelungstechnik 1. Systemtheoretische Grundlagen, Analyse und Entwurf einschleifiger Regelungen. Berlin, Heidelberg. Springer, 2010.

Mertins, K.; Jochem, R.: Qualitätsorientierte Gestaltung von Geschäftsprozessen. 1. Auflage. Berlin, Wien, Zürich. Beuth, 1997.

Meuser, M.; Nagel, U.: ExpertInneninterview. Zur Rekonstruktion spezialisierten Sonderwissens. In: Becker, Ruth; Kortendiek, Beate (Hrsg.): Handbuch Frauen- und Geschlechterforschung. Theorie, Methoden, Empirie. Geschlecht & Gesellschaft, Bd. 35. Wiesbaden. VS, Verlag für Sozialwissenschaften, 2008, S. 368–371.

Müller, B. H.: Übersichtstabellen zur Belastungssituation am Arbeitsplatz. Grundlagen. Schriftreihe der Bundesanstalt für Arbeitsschutz, 1990.

Mullins, L. J.: Management and organisational behaviour. 8. Auflage. Harlow. Financial Times Prentice Hall, 2009.

Neudörfer, A.: Konstruieren sicherheitsgerechter Produkte: Methoden und systematische Lösungssammlungen zur EG-Maschinenrichtlinie. Springer Berlin Heidelberg, 2016.

Oak Ridge National Laboratory; Siegel, A. I.; Bartter, W. D., et al.: Maintenance Personnel Performance Simulation (MAPPS) Model: Description of Model Content, Structure, and Sensitivity Testing, 1984.

Oetzmann, A.: Einsatz wissensbasierter Systeme im Qualitätsmanagement von Produktionsverbünden. Essen. Vulkan-Verl.

Olbrich, R.: Aufbau einer Zeitwirtschaft. Beschreibung der Vorgehensweise. Köln. Wirtschaftsverl. Bachem, 1993.

Orendi, G.: Systemkonzept für die phasenneutrale Fehlerbehandlung als Voraussetzung für den Einsatz präventiver Qualitätssicherungsverfahren. Ein Beitrag zur Qualitätssicherung im Maschinen- und Anlagenbau. Berichte aus der Produktionstechnik, Bd. 93,11. Aachen. Shaker, 1993.

Orlowski, P.: Praktische Regeltechnik. Anwendungsorientierte Einführung für Maschinenbauer und Elektrotechniker. 10. Auflage. Berlin, Heidelberg. Springer, 2013.

Pfeifer, T.: Fehlermanagement mit objektorientierten Technologien in der qualitätsorientierten Produktion. Wissenschaftliche Berichte, Bd. 183. Karlsruhe. FZKA, 1997.

Pfeufer, H.-J.: FMEA--Fehler-Möglichkeits- und Einfluss-Analyse. Pocket Power. München. Hanser, 2015.

Pfohl, H.-C.; Stölze, H.-C.: Planung und Kontrolle. Konzeption, Gestaltung, Implementierung. Vahlens Handbücher der Wirtschafts- und Sozialwissenschaften. 2. Auflage. München. Vahlen, 1997.

Plach, A.: Entwicklung einer expertenbasierten Fehlermanagement-Methode. Fortschritte in Konstruktion und Produktion, Bd. 18. Bayreuth. Shaker, 2011.

Porter, M. E.: Competitive strategy. Techniques for analyzing industries and competitors : with a new introduction. 1. Auflage. Charlesbourg, Quebec. Braille Jymico Inc, 1998.

Rabe, M.; Spiekermann, S.; Wenzel, S.: Verifikation und Validierung für die Simulation in Produktion und Logistik. Vorgehensmodelle und Techniken. VDI-Buch. Berlin, Heidelberg. Springer, 2008.

Reason, J. T.; Hobbs, A.: Managing maintenance error. A practical guide. Aldershot, Hampshire, England, Burlington, VT, USA. Ashgate, 2003.

Repenning, N.; Sterman, J.: Getting Quality the Old-Fashioned Way. Self-Confirming Attributions in the Dynamics of Process Improvement, 1997.

Repenning, N.; Sterman, J.: Nobody Ever Gets Credit for Fixing Problems that Never Happened. California Management Review. 43. Jg., 2001, Nr. 4, S. S. 64–88.

Repenning, N. P.; Sterman, J. D.: Capability Traps and Self-Confirming Attribution Errors in the Dynamics of Process Improvement. Administrative Science Quarterly. 47. Jg., 2002, Nr. 2, S. 265.

Sabel, H.: Programmplanung, kurzfristige. In: Kern, Werner (Hrsg.): Handwörterbuch der Produktionswirtschaft. Enzyklopädie der Betriebswirtschaftslehre, Band 7. Stuttgart. Poeschel, 1979, S. 1686–1700.

Salvendy, G.: Handbook of Human Factors and Ergonomics. Wiley, 2012.

Schindele, H.: Planung qualitätsförderlicher Personalstrukturen im Fertigungsbereich. Forschungsberichte aus dem Institut für Arbeitswissenschaft und Betriebsorganisation der Universität Karlsruhe, Bd. 12. Karlsruhe. Ifab, 1996.

Schmitt, R.; Glöckner, H.: Qualitätsregelkreise - Reaktives Qualitätsmanagement gestalten und bewerten, 2011.

Schmitt, R.; Heinrichs, V.; Losse, S., et al.: Basiswissen Qualitätsmanagement. 1. Auflage. Düsseldorf. Symposion Publishing, 2015.

Schmitt, R.; Pfeifer, T.: Qualitätsmanagement. Strategien - Methoden - Techniken. 5. Auflage. München. Hanser, Carl, 2015.

Schneider, W.: Praktische Regelungstechnik. Ein Lehr- und Übungsbuch für Nicht-Elektrotechnike. Wiesbaden. Vieweg+Teubner Verlag, 2008.

Scholl, A.: Balancing and sequencing of assembly lines. With 75 tables. Contributions to management science. 2. Auflage. Heidelberg, New York. Physica-Verl., 1999.

Scholz-Reiter, B.; Freitag, M.; Schmieder, A.: Methoden der nichtlinearen Dynamik zur Analyse und Steuerung von Produktionssystemen. Industrie Management, 2002, Nr. 6, S. S. 33–36.

Schönpflug, W.; Schulz, P.: Lärmwirkungen bei Tätigkeiten mit komplexer Informationsverarbeitung. Feldstudien in einem Industriebetrieb und Laboruntersuchungen. Umweltforschungsplan des Bundesministers des Innern Lärmbekämpfung, 79-048. Berlin. Freie Univ. Inst. für Psychologie, 1979.

Schönsleben, P.: Integrales Logistikmanagement. Operations und Supply Chain Management innerhalb des Unternehmens und unternehmensübergreifend. 6. Auflage. Berlin. Springer Vieweg, 2011.

Segger, H. R.; Zimolong, B.: Möglichkeiten zur Verhinderung von Absturzunfällen. Forschungsbericht, Bd. 314. Bremerhaven. Wirtschaftsverl. NW, 1982.

Shafer, S. M.: The Effects of Worker Learning, Forgetting, and Heterogeneity on Assembly Line Productivity. Management Science, 2001, Nr. 47.

Siegel, A. I.; Bartter, W. D.; Wolf, J. J., et al.: Maintenance Personnel Performance Simulation (MAPPS) Model: Description of Model Content, Structure, and Sensitivity Testing, 1984.

Spurgin, A. J.: Human Reliability Assessment Theory and Practice. CRC Press, 2009.

Stankard, M. F.: Management systems and organizational performance. Westport, Conn. Quorum Books, 2002.

Sträter, O.: Beurteilung der menschlichen Zuverlässigkeit auf der Basis von Betriebserfahrung. GRS, Bd. 138. Köln. Gesellschaft für Anlagen- u. Reaktorsicherheit (GRS) mbH, 1997.

Stüttgen, M.: Strategien der Komplexitätsbewältigung in Unternehmen. Ein transdisziplinärer Bezugsrahmen. St. Galler Beiträge zum integrierten Management, Bd. 12. 2. Auflage. Bern. Haupt, 2003.

Sust, C. A.: Lärmbeurteilung-Büro-Arbeitsplätze. Auswirkung von Geräuschen mittlerer Intensität auf Büro und Verwaltungsaufgaben. Arbeitswissenschaftliche Erkenntnisse, 1996, Nr. 101.

Swain, H. E. G.: Handbook of Human Reliability Analysis with Emphasis on Nuclear Power Plant Applications. Final Report, 1983.

Töpfer, A.: Six Sigma. Konzeption und Erfolgsbeispiele für praktizierte Null-Fehler-Qualität. 4. Auflage. Berlin, New York. Springer, 2007.

Tucker, P.: The impact of rest breaks upon accident risk, fatigue and performance. Work & Stress, 2003, Nr. 17.

Tuertmann, R.; Glöckner, H.; Falk, B., et al.: Conceptual modelling of the failure management process in the production industry. Total Quality Management & Business Excellence, 2017, S. 1–13.

Tuertmann, R.; Ruessmann, M.; Schroeder, M., et al.: Challenges and design of a data-oriented complaint and failure management. Total Quality Management & Business Excellence. 16. Jg., 2016, Nr. 9, S. 1–12.

Ulrich, H.; Dyllick, T.; Probst, G.: Management. Schriftenreihe Unternehmung und Unternehmungsführung, Bd. 13. Bern. P. Haupt, 1984.

Ulrich, P.; Hill, W.: Wissenschaftstheoretische Grundlagen der Betriebswirtschaftslehre (Teil I) Wirtschaftswissenschaftliches Studium: Zeitschrift für Ausbildung und Hochschulkontakt. 5. Jg., 1976, Nr. 7, S. 304–309.

van den Brulle, P.: Leitfaden für Kataster von Arbeitsplatzumgebungsfaktoren. Lärm, Beleuchtung, Klima, Gefahrstoffe. Schriftenreihe der Bundesanstalt für Arbeitsschutz : [...], Forschung, Fb 565. Bremerhaven. Wirtschaftsverl. NW, Verl. für Neue Wiss, 1989.

VDI-Gesellschaft Produkt- und Prozessgestaltung: Menschliche Zuverlässigkeit - Methoden zur quantitativen Bewertung menschlicher Zuverlässigkeit. DIN - Richtlinie, 4006 Blatt 2, 2003.

Venkateswaran, J.; Son *, Y.-J.: Hybrid system dynamic—discrete event simulation-based architecture for hierarchical production planning. International Journal of Production Research. 43. Jg., 2005, Nr. 20, S. 4397–4429.

Verband für Arbeitsstudien - REFA: Methodenlehre des Arbeitsstudiums. 7. Auflage. München. Hanser, 1984.

Vlachos, D.; Georgiadis, P.; Iakovou, E.: A system dynamics model for dynamic capacity planning of remanufacturing in closed-loop supply chains. Computers & Operations Research. 34. Jg., 2007, Nr. 2, S. 367–394.

Wang, J.; Pillay, A.: Technology and Safety of Marine Systems. Elsevier Science, 2003.

Weiner, I. B.; Healy, A. F.; Freedheim, D. K., et al.: Handbook of Psychology, Experimental Psychology. Wiley, 2003.

Weingardt, M.: Fehler zeichnen uns aus. Transdisziplinäre Grundlagen zur Theorie und Produktivität des Fehlers in Schule und Arbeitswelt. Bad Heilbrunn/Obb. Klinkhardt, 2004.

Welge, M. K.; Al-Laham, A.; Eulerich, M.: Strategisches Management. Grundlagen - Prozess - Implementierung. Lehrbuch. 7. Auflage. Wiesbaden. Springer Gabler, 2017.

Westkämper, E.: Wandlungsfähige Organisation und Fertigung in dynamischen Umfeldern. Handbuch Unternehmensorganisation. Strategien, Planung, Umsetzung. VDI-Buch. 3. Auflage. Berlin, Heidelberg. Springer Berlin Heidelberg, 2009.

Williams, J. C.: Heart—A Proposed Method for Achieving High Reliability in Process Operation by Means of Human Factors Engineering Technology. Safety and Reliability. 35. Jg., 1985, Nr. 3, S. 5–25.

Wöhe, G.; Döring, U.: Einführung in die allgemeine Betriebswirtschaftslehre. Vahlens Handbücher der Wirtschafts- und Sozialwissenschaften. 20. Auflage. München. Vahlen, 2000.

Wortman, D. B.; Duket, S. D.; Seifert, D. J., et al.: Simulation using SAINT: A User-Oriented Instruction Manual., 1978.

Zäpfel, G.: Programmplanung, mittelfristige. In: Kern, Werner (Hrsg.): Handwörterbuch der Produktionswirtschaft. Enzyklopädie der Betriebswirtschaftslehre, Band 7. Stuttgart. Poeschel, 1979, S. 1700–1713.

Zäpfel, G.: Taktisches Produktions-Management. Internationale Standlehrbücher der Wirtschafts- und Sozialwissenschaften. 2. Auflage. München [u.a.]. Oldenbourg, 2000a.

Zäpfel, G.: Taktisches Produktions-Management. Internationale Standardlehrbücher der Wirtschafts- und Sozialwissenschaften. 2. Auflage. Berlin/Boston. De Gruyter; De Gruyter Oldenbourg, 2000b.

Im Zusammenhang mit dieser Dissertation wurden folgende wissenschaftliche Arbeiten von mir betreut:

- **Darius Daun** – Entwicklung einer Absicherungsstrategie bei der Planung manueller Montageprozesse unter Berücksichtigung menschlicher Zuverlässigkeit (2017)

- **Marius Schäfer** – Entwicklung eines generischen Bausteins zur Simulation von Prozessketten in der Montage unter besonderer Berücksichtigung des produktionsnahen Fehlermanagements (2018)

VI Anhang

A.1. Aufgabenkatalog Fallbeispiel

Aufgabenbaustein Baustein	Objekt	Situation	Aufgabe	Elementarzeit	Vorgewicht	Hoher Kognitionsaufwand
Barcode scannen	Scanner (2,5)	gut sichtbar (0)	Scannen (3)	0,048	5,5	nein
Barcode scannen	Scanner (2,5)	schlecht sichtbar (10)	Scannen (3)	0,09	15,5	nein
Verschrauben	Schrauber (2,5)	gut erreichbar (2,5)	Verschrauben (4)	0,031	9	nein
Verschrauben	Schrauber (2,5)	schlecht erreichbar (10)	Verschrauben (4)	0,12	16,5	nein
Bauteil platzieren	handlich (0)	gut erreichbar (2,5)	Platzieren (6)	0,05	8,5	nein
Bauteil platzieren	unhandlich (5)	gut erreichbar (2,5)	Platzieren (6)	0,075	13,5	nein
Bauteil platzieren	handlich (0)	schlecht erreichbar (10)	Platzieren (6)	0,1	16	nein
Bauteil platzieren	unhandlich (5)	schlecht erreichbar (10)	Platzieren (6)	0,15	21	ja
Bauteil montieren	handlich (0)	gut sichtbar (0)	Montieren (5)	0,024	5	nein
Bauteil montieren	etwas unhandlich (2,5)	gut sichtbar (0)	Montieren (5)	0,024	7,5	nein
Bauteil montieren	handlich (0)	schlecht sichtbar (10)	Montieren (5)	0,03	15	nein
Bauteil montieren	etwas unhandlich (2,5)	schlecht sichtbar (10)	Montieren (5)	0,03	17,5	nein
Stecken	Stecker (10)	gut sichtbar/gut erreichbar (2,5)	Stecken (9)	0,039	21,5	nein
Stecken	Stecker (10)	gut sichtbar/schlecht erreichbar (5)	Stecken (9)	0,06	24	nein
Stecken	Stecker (10)	schlecht sichtbar/mittel erreichbar (7,5)	Stecken (9)	0,07	26,5	nein
Stecken	Stecker (10)	schlecht sichtbar/schlecht erreichbar (10)	Stecken (9)	0,09	29	ja
Stecker verriegeln	Stecker leicht verriegelbar (5)	gut erreichbar (2,5)	Verriegeln (8)	0,005	15,5	nein
Stecker verriegeln	Stecker schwer verriegelbar (10)	gut erreichbar (2,5)	Verriegeln (8)	0,005	20,5	nein
Stecker verriegeln	Stecker leicht verriegelbar (5)	schlecht erreichbar (10)	Verriegeln (8)	0,009	23	nein
Stecker verriegeln	Stecker schwer verriegelbar (10)	schlecht erreichbar (10)	Verriegeln (8)	0,009	28	nein
Vorbereitung	Material (0)	gut sichtbar (0)	Platzieren (4)	0,204	4	nein

A.2. Auswertung 1 – Overall Target Value

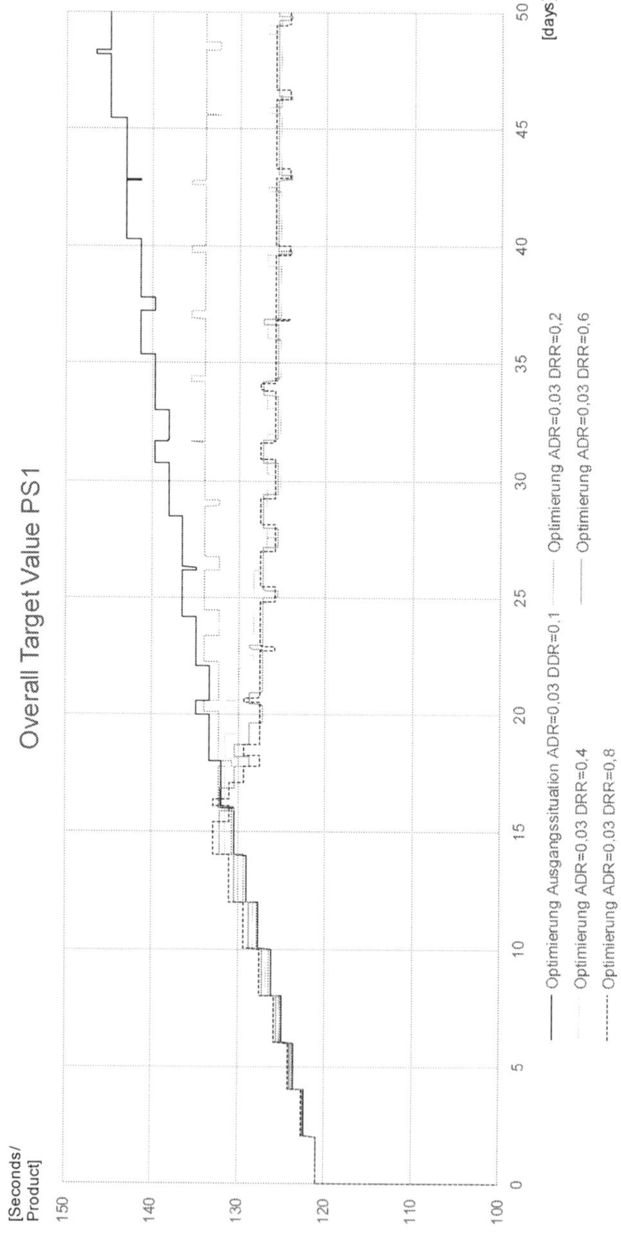

A.3. Auswertung 2 – Overall Target Value

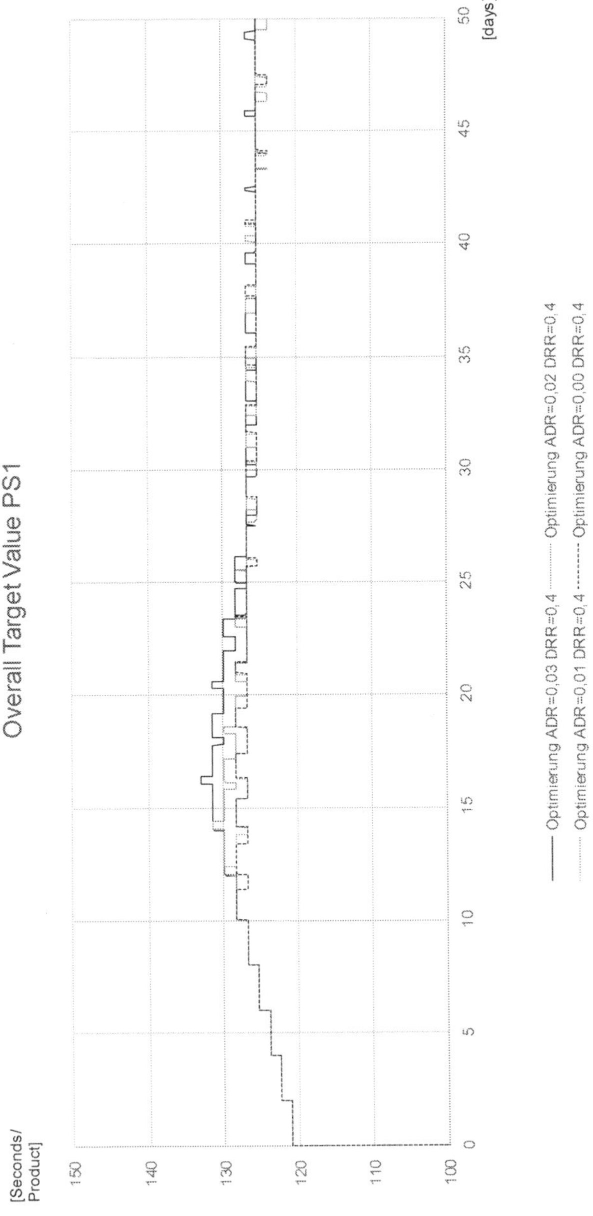

In der Reihe **Ergebnisse aus der Produktionstechnik** zuletzt erschienen:

Ohlenforst, Markus:
Model-Based Thermoelastic State Evaluation of Large Workpieces for Geometric Inspection
ISBN: 978-3-86359-752-8
Erscheinungsdatum: 05.08.2019

du Bois-Reymond, Frédéric:
Untersuchungen zu den Auswirkungen der Strahlausbreitung durch die Integration leistungsstarker Laserbearbeitungseinheiten in Werkzeugmaschinen
ISBN: 978-3-86359-738-2
Erscheinungsdatum: 05.08.2019

Basse, Felix:
Gestaltung eines adaptiven Änderungssystems für einen beherrschten Serienhochlauf
ISBN: 978-3-86359-735-1
Erscheinungsdatum: 18.07.2019

Weiler, Thomas:
Thermal Skin Effect in Laser-Assisted Tape Placement of Thermoplastic Composites
ISBN: 978-3-86359-739-9
Erscheinungsdatum: 10.07.2019

Doetz, Marius:
Ultrapräzisionszerspanung von Hartmetall mit monokristallinen Diamantwerkzeugen
ISBN: 978-3-86359-733-7
Erscheinungsdatum: 10.07.2019

Harst, Simon:
Entwicklung einer Prozesssignatur für die elektrochemische Metallbearbeitung
ISBN: 978-3-86359-750-4
Erscheinungsdatum: 05.08.2019

Kreimeier, Matthias:
Gestaltung des Technologieeinkaufs für Start-ups und mittelständische Unternehmen
ISBN: 978-3-86359-740-5
Erscheinungsdatum: 18.07.2019

Exner, Robin:
Ein quantitatives Modell zur Unterstützung des Fehlermanagements in der manuellen Montage
ISBN: 978-3-86359-730-6
Erscheinungsdatum: 11.07.2019

Hieber, Solveigh:
Systematische Beherrschung von Zielkonflikten in Innovationsprojekten
ISBN: 978-3-86359-723-8
Erscheinungsdatum: 10.07.2019

Frech, Tim:
Modellierung der Walzkraft beim Dichtwalzen pulvermetallurgisch hergestellter Zahnräder
ISBN: 978-3-86359-736-8
Erscheinungsdatum: 24.06.2019

Barth, Sebastian:
Einfluss der Topographie kunstharzgebundener CBN-Schleifscheiben auf das thermo-mechanische Belastungskollektiv beim Schleifen
ISBN: 978-3-86359-710-8
Erscheinungsdatum: 13.05.2019

Reschke, Rebecca:
Gestaltungsmodell der Kennzahlen und Indikatoren bei der Einführung und Weiterentwicklung von Qualitätsmanagementsystemen für deutsche Hochschulen
ISBN: 978-3-86359-707-8
Erscheinungsdatum: 10.05.2019

Molitor, Marco:
Generative Montageablaufplanung in der hochiterativen Produktentwicklung
ISBN: 978-3-86359-719-1
Erscheinungsdatum: 06.05.2019

Bertelsmeier, Felix:
Einsatz eines Cyber-Physischen Produktionssystems zur flexiblen Positionierung und Ausrichtung von dünnwandigen Großbauteilen
ISBN: 978-3-86359-709-2
Erscheinungsdatum: 08.04.2019

Klingbeil, Nils:
Untersuchung des Drahtsystems zur Prozessstabilisierung für das drahtbasierte Laserauftragschweißen in der additiven Fertigung
ISBN: 978-3-86359-706-1
Erscheinungsdatum: 08.04.2019

Janssen, Andreas:
Wirksamkeit tribologischer Mikrostrukturen bei extremen Einsatzbedingungen und Ableitung eines Fertigungsmodells für das UKP-Laserabtragen
ISBN: 978-3-86359-704-7
Erscheinungsdatum: 29.03.2019

Ryschka, Simon:
Strategien für Technologieplattformen in diversifizierten Unternehmen
ISBN: 978-3-86359-699-6
Erscheinungsdatum: 15.03.2019

Walendzik, Pia:
Adaptive Gestaltung der Organisation von produzierenden Start-ups
ISBN: 978-3-86359-696-5
Erscheinungsdatum: 15.03.2019

Fels, Antonia:
Development of an Algorithm for the Taktline Layout of Synchronized Job Shop Production
ISBN: 978-3-86359-698-9
Erscheinungsdatum: 11.03.2019

Greschert, René:
Ausbildung tragfähigkeitssteigernder Grenzschichten in der Zahnradfertigung
ISBN: 978-3-86359-700-9
Erscheinungsdatum: 08.03.2019

Marks, Alexander:
Wirtschaftliche Mitarbeiterqualifizierung durch lernorientierte Montagesystemgestaltung
ISBN: 978-3-86359-691-0
Erscheinungsdatum: 15.02.2019

Bletek, Thomas:
Oberflächenintegrität beim Ultrapräzisionsschleifen transparenter polykristalliner Keramiken
ISBN: 978-3-86359-688-0
Erscheinungsdatum: 07.02.2019

Edition Wissenschaft
Apprimus

FSC
www.fsc.org
MIX
Papier | Fördert gute Waldnutzung
FSC® C083411

Kolibri 360 GmbH
Ferdinand-Jühlke-Straße 7
99095 Erfurt, Deutschland
produktsicherheit@kolibri360.de